一個人開伙
也很棒。

岩﨑啓子

前言

不是四人份、也不是兩人份，
在這本食譜中，完整介紹作法簡單
又美味的一人份料理。

結束一整天的工作，伴隨著夕陽走進車站時，如果你能這麼想：
「我要回家輕鬆地一個人開伙，度過屬於自己的時光！好好放鬆！」
衷心希望這本書能讓所有必須一個人吃飯的人開心做菜！

這本食譜完全顛覆「一個人開伙一定會浪費食材，
作法繁複，全部吃完又會發胖」的負面印象。
介紹二百二十一道你絕對會想做做看，而且每天都想做的美味料理。

每道菜的材料和作法都十分簡單，
只要十分鐘就能做出美味餐點，充足的分量絕對有飽足感。
在家就能做出全新口味與現在最流行的風味菜，
體驗料理樂趣也是本書要點。
還有許多烹煮一人份料理的美味祕訣和創意作法收錄其中

好好做菜，攝取充足營養，
徹底實踐「一個人開伙」的生活，
才是所有一個人過日子的人活出自我的「生活之道」。

2

「一個人開伙」
才享有的三大好處

1 第一次在餐廳吃到的全新口味、
大人才知其美味的正統風味，
正因為是「一個人開伙」，所以才能盡情嘗試
新奇的調味料和提味方法。

2 在街頭或旅行時發現喜歡的
餐盤、刀叉、桌布……
正因為是「一個人開伙」，所以才能隨意搭配出餐桌風景，
配合當天的料理與心情，享受獨有的食尚風格。

3 還有那些心意相通的死黨們。
正因為是「一個人開伙」，
所以才能輕鬆製作三～四道美味小菜，
隨時在家舉辦熱鬧溫馨的私密聚會！

contents

第4章　一個人開伙也能夠很健康

本書使用方法

• 湯鍋使用直徑 14 ～ 16cm、平底鍋使用直徑 20cm 的鍋具（調理用品亦請參照 P.94 column3「適合一個人開伙的調理工具」）。

• 原則上平底鍋使用不沾鍋鍋具較為便利。

• 未特別說明的蔬菜，請依照一般清洗、去皮等步驟事先處理好。番茄、小番茄與茄子請先去蒂。菇類請先切掉蒂頭或菇柄根部。

• 1 小匙＝ 5ml、1 大匙＝ 15ml、1 杯＝ 200ml。唯一的例外是，米要使用電鍋附贈的量杯（180ml）。

• 作法中的火候如未特別說明，請以中火調理。

• 微波爐的加熱時間以 600W 功率的機種為基準，如家中為 500W，加熱時間請乘上 1.2 倍；700W 則乘上 0.9 倍。此外，各廠牌機種的加熱時間皆不同，請依實際狀況調整。

• 高湯使用以昆布和柴魚片熬煮的日式高湯（市售品亦可）。湯底則是使用高湯粉或高湯塊（西式高湯、清湯等市售品皆可）溶解煮成的西式或中式高湯。

• 套餐中的飯以一小碗，亦即 120g（202kcal）的分量來計算總熱量。麵包熱量以正常的 1 人份（167kcal）來計算。麵包熱量會因種類與材料而改變，本書內容僅供參考，敬請見諒。白酒以 1 杯 110ml（80kcal）來計算。

第1章 一個人開伙也不浪費食材

近年來有愈來愈多人一個人住,或是家中成員相當簡單,而超市也開始販售小包裝商品,即使如此,做菜時還是很難用完一整包食材。

很多人都覺得「買現成比自己做划算,又不浪費食材」,因此經常購買熟食。

不過,自己花心思做的料理,絕對會比市售熟食還美味。而且天天做也絕對吃不膩。

本書介紹的食譜全都是利用變化調味與料理方式的不同,分兩、三次用完小包裝的盒裝或袋裝食材。

此外,也將介紹利用少量保存後續調理更輕鬆的食材保存法,先將食材分好每次使用的分量,即使用到第二次、第三次依舊美味。

運用巧思,將買回家的食材變化出一週料理,不僅經濟實惠,還能增加做菜樂趣,讓生活更豐富,真的是一舉多得的聰明調理法。

200g 薄豬肉片做三道菜

韓式烤肉沙拉

297 kcal

一個人開伙小撇步

以辣椒粉、麴等原料製成，味道甘甜、辛辣、鮮美的苦椒醬。可做「三色拌飯」（P.15）或韓式燉菜等料理。

又甜又辣的苦椒醬讓豬肉吃起來更有味道，搭配分量較多的萵苣，是一道可當主菜的沙拉。接著只要準備飯與湯，就能輕鬆完成今天的晚餐。

材料（1人份）
薄豬肉片…100g
萵苣…3 片
蔥…3cm

A | 苦椒醬…1 小匙
　 | 醬油…2 小匙
　 | 芝麻油…1 小匙
　 | 醋…1 小匙
　 | 砂糖…¼ 小匙
　 | 蒜末…少許
鹽、胡椒…各少許
沙拉油…1 小匙
炒熟白芝麻…少許

作法
1 豬肉切成一口大小，灑上鹽與胡椒。萵苣撕成容易入口的大小。切開蔥白，拿掉最裡面黃綠色的芯，蔥白切絲泡水。

2 在平底鍋中倒入沙拉油燒熱，放入薄豬肉片，兩面煎熟。

3 將萵苣放在盤子裡，再放上 2。

4 拌勻 A 做成醬汁，淋在 3 上，灑上芝麻。

8

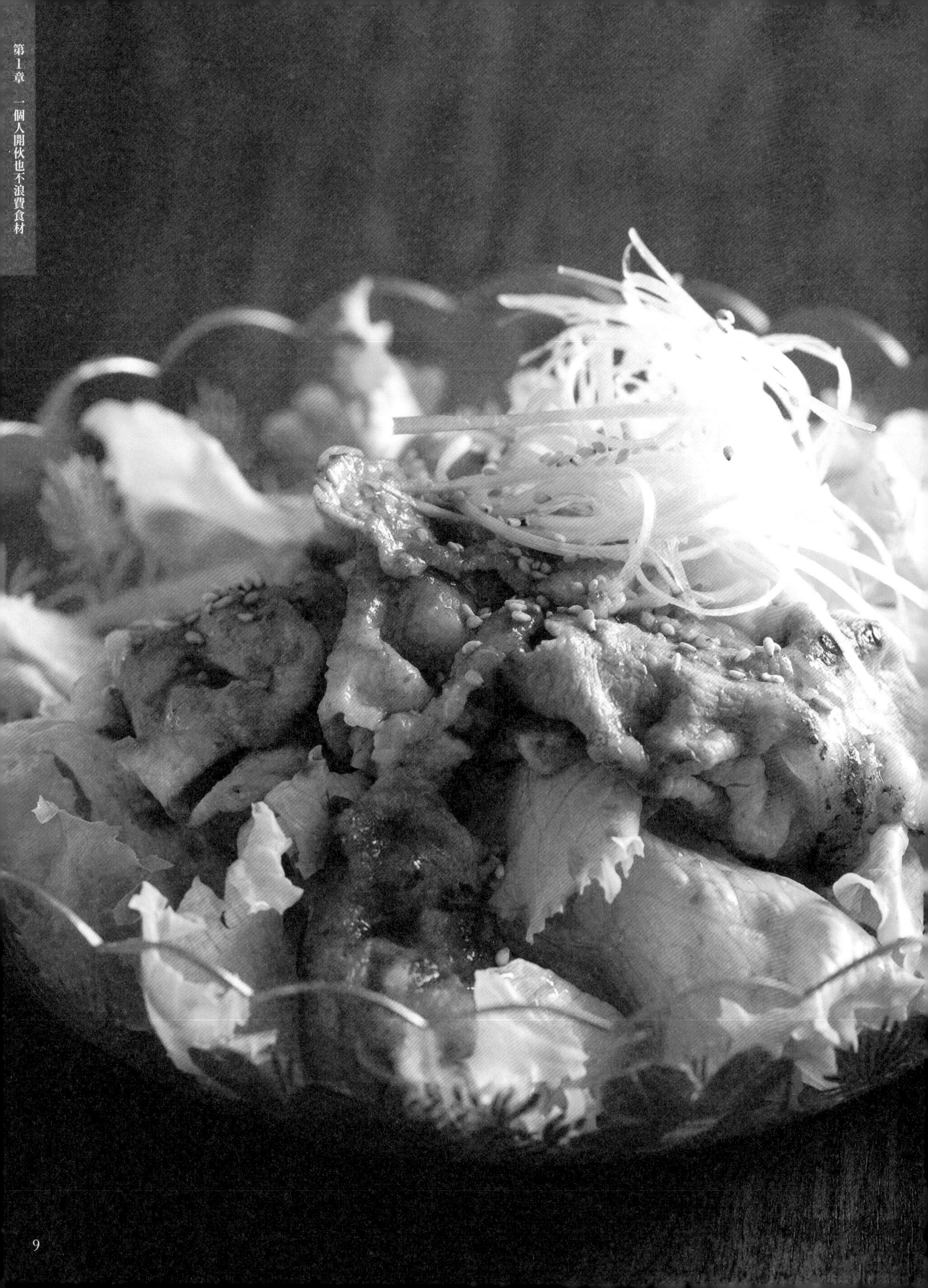

洋蔥甜椒
豬肉甘辛煮

199 kcal

甜椒與洋蔥切成大塊，
再以高湯慢慢燉煮。
將豬肉逼出的肉汁鮮味，
慢慢滲入蔬菜裡，
完成一道層次豐富的日式燉菜。

材料（1 人份）
薄豬肉片…50g
洋蔥…½ 顆
紅甜椒…½ 顆
薑…5g
A ┃ 高湯…½ 杯
　┃ 醬油…1 大匙
　┃ 砂糖…略多於 1 小匙
　┃ 酒…1 大匙

作法
1 豬肉切成一口大小。洋蔥、甜椒縱
　向對半切，薑切成絲。
2 在湯鍋中倒入 A 加熱，煮滾後加入
　1，蓋上鍋蓋熬煮。再次沸騰後，
　開小火燉 15 分鐘。

200g
薄豬肉片
做三道菜

材料（1人份）

薄豬肉片…50g
茄子…1 個
大蒜…½ 瓣
A｜巴薩米克醋…1 小匙
　｜醋…½ 小匙
　｜橄欖油…2 小匙
　｜蜂蜜…½ 小匙
　｜鹽、胡椒…各少許
鹽、胡椒…各少許
橄欖油…½ 大匙

作法

1. 豬肉切成一口大小，灑上鹽與胡椒。茄子切成圓片，大蒜亦切成片。
2. 在平底鍋中倒入橄欖油，放入大蒜，以小火炒至金黃色，取出備用。
3. 以大火加熱同一個平底鍋，放上豬肉片，兩面煎熟至變色後取出。
4. 在同一個平底鍋中放入茄子，以中火拌炒。等茄子均勻沾附油脂後，蓋上鍋蓋，轉小火燜 4～5 分鐘。
5. 將 A 倒入調理碗拌勻，放入大蒜、豬肉與茄子攪拌。醃漬 5 分鐘使其入味，盛入盤裡。家中若有芝麻菜，可放上點綴。

巴薩米克醋醃豬肉與茄子

262 kcal

巴薩米克醋與蜂蜜醃漬出酸酸甜甜的熱醃菜，趁熱醃漬可縮短醃的時間，但豬肉與茄子放涼後再慢慢醃漬，不僅更入味，味道也更濃郁。

一個人開伙小撇步

巴薩米克醋是以葡萄為原料，花好幾年熟成釀造的調味料。一個人開伙，買小瓶裝即可。最適合用來為肉類料理和義大利麵提味。

雞肉先以咖哩粉醃漬入味，再盡情灑上最愛吃的芝麻。煎起來焦香酥脆，放涼也很好吃，下次不妨當便當菜享用。

芝麻煎咖哩雞胸

294 kcal

一個人開伙
小撇步

咖哩粉能搭配任何食材，無論是一般的炒青菜、通心粉沙拉都能添加，輕鬆調製出辣味料理。

材料（1人份）

雞胸肉…½ 片
A｜鹽…⅙ 小匙
　｜胡椒…少許
　｜咖哩粉…¼ 小匙
蛋汁…¼ 顆
炒熟白芝麻…1 大匙
麵粉…適量
沙拉油…1 小匙
萵苣…1 片
檸檬角…1 片

作法

1 雞胸肉切成一半厚度，放入調理碗中。加入A輕輕搓揉醃漬，使其入味。

2 雞胸肉灑上麵粉，沾附蛋汁，在表面均勻灑上大量芝麻。

3 在平底鍋中倒入沙拉油，以中火燒熱，煎熟 2。煎至金黃色後，轉小火煎 3～4 分鐘，翻面再煎 3～4 分鐘。

4 將雞肉盛入盤裡，放上撕成適當大小的萵苣與檸檬角。

材料（1 人份）

雞胸肉…½ 片
芹菜…1 根
薄蒜片…2 片

A　鹽、胡椒…各少許
　　酒…1 小匙
　　太白粉…1 小匙

B　蠔油…2 小匙
　　醬油…½ 小匙
　　胡椒…少許

芝麻油…2 小匙

作法

1　雞胸肉切成較粗的長條狀，放入調理碗中，加入 A 拌勻。

2　切開芹菜的莖與葉，莖部去掉粗纖維，切成 3～4cm 長段，葉片切成容易入口的大小。

3　在平底鍋中倒入芝麻油燒熱，以大火炒雞肉與蒜片。雞肉炒熟後放入芹菜的莖與葉，迅速拌炒。最後倒入 B 炒勻即可。

一個人開伙小撇步

蠔油濃縮了蠔肉的鮮美，濃度適中，最適合做快炒料理。

蠔油炒芹菜雞胸肉

317 kcal

雞肉與芹菜口感完全相反，
只要切成相同粗細，
就能品嘗到好吃的口感。
添加容易入味的蠔油，
完成一道充滿中華風味的快炒料理。

材料（1 人份）
豬絞肉…100g
洋蔥…20g
紅蘿蔔…⅓ 根
A｜鹽、胡椒、肉豆蔻
　｜…各少許
　｜生麵包粉…1 大匙
　｜蛋汁…¼ 顆
B｜芥末粒…½ 大匙
　｜鮮奶油…2 大匙
奶油…1½ 小匙
鹽、胡椒…各少許

作法
1 洋蔥切成末，紅蘿蔔切成 1cm 厚的圓片。
2 在耐熱容器裡塗上 ½ 小匙奶油，放入洋蔥，不
　蓋保鮮膜，直接放入微波爐中加熱 30 秒。取出
　放涼。
3 在調理碗中放入絞肉與 A 拌勻，揉至黏稠後加入
　2，再次拌勻。捏成 3 個肉丸子。
4 將剩下的奶油放入平底鍋加熱融化，放入 3，以
　中火煎，不時翻面，將肉丸子均勻煎成金黃色。
　放入紅蘿蔔與 ¼ 杯水，蓋上鍋蓋，水滾後轉小
　火煮 10 分鐘。轉中火放入 B 拌勻，灑上鹽與胡
　椒調味，沸騰後起鍋。

200g
豬絞肉
做三道菜

芥末奶油風燉肉丸子

462
kcal

鮮奶油加上
芥末粒，
完成一道酸味十足的
大人風料理。
一口大小的肉丸子，
加上水煮紅蘿蔔和
口味層次豐富的醬汁，
能品嘗到入口即化的
濃郁口感。

一個人開伙
小撇步

將芥末粒用在西式燉
菜中提味，口味相當
新奇。不過，過度加
熱會流失酸味和嗆辣
味，因此下鍋後煮滾
即可起鍋。

14

小番茄麻婆豆腐

376 kcal

經典中華料理麻婆豆腐中，放入小番茄，讓顏色更鮮豔。炒過後可增加番茄甜味，以及水嫩多汁的鮮味，最適合搭配辛辣的麻婆醬汁。

材料（1人份）

豬絞肉…50g	A 甜麵醬…1 小匙
木棉豆腐…½ 塊	水…¼ 杯
小番茄…5 顆	雞骨湯粉…少許
韭菜…10g	酒…1 大匙
蔥…¼ 根	醬油…1 小匙
大蒜…¼ 瓣	B 太白粉…½ 大匙
薄薑片…1 片	水…1 大匙
豆瓣醬…⅓ 小匙	芝麻油…2 小匙

作法

1 豆腐切成丁，韭菜切成 3cm 長段。蔥、大蒜、薑切成末。
2 在平底鍋中倒入芝麻油燒熱，放入豬絞肉、大蒜與薑，將絞肉炒開。
3 等到豬絞肉炒至變色後，加入豆瓣醬。炒出香氣後，放入小番茄、豆腐、A 與蔥，小心拌炒，不要弄碎豆腐。湯汁滾後轉小火，再煮 2～3 分鐘。
4 拌勻 B 以繞圈方式淋上，勾芡。灑上韭菜後稍微拌勻即可上桌。

韓式三色拌飯

540 kcal

這是韓式拌飯的創意料理。甜甜辣辣的絞肉，萵苣與海帶芽蓋在飯上，再搭配香氣十足的苦椒醬，充分拌勻，真的非常好吃！

材料（1人份）

豬絞肉…50g	蔥末…1 小匙
熱飯…1 大碗（200g）	B 芝麻油…½ 小匙
乾海帶芽…2 小匙	鹽…少許
萵苣…1 片	苦椒醬…1 小匙
A 醬油…1½ 小匙	炒熟白芝麻…少許
砂糖…½ 小匙	
芝麻油…½ 小匙	
蒜末…少許	

作法

1 絞肉放入調理碗中，加 A 仔細拌勻，避免絞肉黏稠結塊。
2 在平底鍋裡放入 1，以大火翻炒。
3 乾海帶芽泡水還原，瀝乾水分，放入調理碗中。倒入 B 拌勻。萵苣撕成容易入口的大小。
4 在碗裡盛飯，放入 2 與 3，倒入苦椒醬，再灑上芝麻即完成。

五彩什錦鮮蔬醃烤鮭魚

243 kcal

烤鮭魚作法很簡單，
偶爾做成醃菜，
享受不同風味也很出色。
搭配冰箱裡的
現有蔬菜，
即可完成一道
色香味俱全的西式料理。

材料（1 人份）
生鮭魚…1 片
洋蔥…¼ 顆
小番茄…4 顆
A 橄欖油…2 小匙
　 醋…2 小匙
　 鹽…⅙ 小匙
　 胡椒…少許
鹽…少許

作法

1 將一片鮭魚切成三等分，灑鹽醃漬 5 分鐘。以廚房紙巾吸乾鮭魚表面的水分，再將鮭魚放入烤箱，兩面烤到熟。

2 洋蔥切成細絲泡水，撈起瀝乾水分。小番茄對半切。

3 在調理碗中倒入 A 拌勻，放入鮭魚、洋蔥、小番茄迅速攪拌。靜置 15 分鐘，使其入味。

4 將食材盛入盤裡，家中若有義大利巴西里，則切一點碎末灑上，增添顏色。

一個人開伙
小撇步

搭配不同蔬菜的顏色與口感來做菜，鮮豔色調令人食指大動。亦可使用甜椒、芹菜與烤香菇。

16

材料（1 人份）

生鮭魚…1 片
青椒…1 顆
蔥…6cm
香菇…1 朵
A｜醬油…2 小匙
　｜味醂…2 小匙
鹽…少許
沙拉油…1 小匙

作法

1 鮭魚抹鹽醃漬 5 分鐘，再以廚房紙巾吸乾表面的水分。

2 青椒切成 1cm 厚的圓片，蔥切成 3cm 長段，香菇對切。

3 在平底鍋中倒入沙拉油加熱，放入鮭魚，以中火煎 2 分鐘；煎至變色後，轉小火煎 4 分鐘。將魚翻面，在平底鍋其他地方放入 2 一起煎 4 分鐘。

4 拌勻 A，以繞圈方式淋上，開大火，慢慢搖晃平底鍋，使魚均勻入味。

照燒煎鮭魚

220 kcal

淋上調味料之前，
一定要將鮭魚煎熟才行，
這就是美味的關鍵。
煎得焦香酥脆的香氣，
與濃郁的甜辣醬汁
均勻入味，堪稱一絕。

一個人開伙
小撇步

一個人份的鮭魚和蔬菜，可在同一個平底鍋裡一起煎熟，能大幅縮短烹煮時間，輕鬆完成料理。

主材料是蝦仁和青江菜──

只用兩種食材完成分量十足的一道菜。

起鍋前加一點魚露，

立刻變身具越南風味的快炒料理，

既簡單又美味。

魚露拌炒
蝦仁
青江菜

181
kcal

材料（1 人份）
蝦子…5 尾
青江菜…1 株
大蒜…½ 瓣
紅辣椒（斜切成薄片）
…½ 根
魚露…2 小匙
鹽、胡椒…各少許
芝麻油…2 小匙

作法
1 蝦子去殼，剔除腸泥後切碎。灑上
　鹽與胡椒，稍微拌勻。
2 青江菜一片片剝下後洗淨，斜切成
　4cm 寬的長段。大蒜切成薄片。
3 在平底鍋中倒入芝麻油加熱，放入
　蝦子、大蒜、紅辣椒，以中火拌炒。
　炒出香氣後加入青江菜，轉大火炒
　熟。起鍋前淋上魚露拌一下即可。

美乃滋麵包粉烤
鮮蝦鴻喜菇

以美乃滋取代白醬，即使下班回家，也能立刻完成焗烤風味料理。麵包粉最適合搭配美乃滋，令人回味無窮。

材料（1人份）
蝦子⋯5尾
鴻喜菇⋯½包（100g）
大蒜⋯¼瓣
生麵包粉⋯1½大匙
美乃滋⋯2大匙
鹽、胡椒⋯各適量

作法
1 蝦子去殼並留下尾巴，在蝦背劃一刀，剔除腸泥。灑上少許鹽與胡椒。
2 鴻喜菇掰成小朵，大蒜切成末。
3 在耐熱容器裡放入鴻喜菇，灑上少許鹽與胡椒。放上蝦子、蒜末，擠些美乃滋並灑上麵包粉。
4 將 3 放入烤箱中，前後烤 12 ～ 15 分鐘。烤到一半表面出現焦痕後，蓋上鋁箔紙繼續加熱。

280 kcal

這道菜
作法相當簡單
無須拌炒，
也不用熬製湯底，
只要擠上美乃滋
並灑上麵包粉即可。
蝦子和鴻喜菇的
獨特口感，
搭配大蒜香氣，
令人一口接一口！

少量也能
保存美味，
食材絕對
不浪費

保存時注重
食材美味與口感，
下次烹煮時
就能事半功倍。
這也是一個人開伙的
重要訣竅。

先切成一半
方便使用

1

雞胸肉切成一半，以廚房紙巾吸乾水分，用保鮮膜包起。

2

雞肉放入冷凍用密封保鮮袋，擠出空氣後密封，放冷凍庫保存。

調理範例

芝麻煎
咖哩雞胸
▶ P12

以保鮮膜
分裝每次用量

1

將 2 片豬肉放在保鮮膜上，包起密封。擺在鐵盤上放入冷凍庫。

2

結凍後，連同保鮮膜一起放入冷凍用密封袋再放回冷凍庫保存。

調理範例

韓式
烤肉沙拉
▶ P8

香烤青菜
豬肉捲
▶ P41

薄豬肉片

將肉片分裝成 50g（2 片份）一包，方便每次料理使用。事先調味，調理時就更輕鬆。

事先調味

1

豬肉放進冷凍用密封保鮮袋，倒入調味料，隔著袋子充分搓揉。

2

入味後，壓平袋子密封。放進冷凍庫保存。

調理範例
薑燒豬肉等

豬絞肉

絞肉很容易腐壞，一定要趁新鮮冷凍。分裝成 50g 保存，使用時就很方便。

將絞肉炒開

1

以沙拉油炒開絞肉，灑上鹽與胡椒調味，放涼備用。

2

分裝成 50g，用保鮮膜包妥，再放入冷凍用密封袋冷凍保存。

調理範例

小番茄
麻婆豆腐

▶ P15

保存訣竅

保存一人份食材時，建議使用小尺寸冷凍用密封保鮮袋。

壓出壓痕

1

將絞肉放入冷凍用密封保鮮袋後壓平，以筷子壓出十字型壓痕。

2

每一格相當於 50g，放入冷凍庫保存。

3

隔著袋子沿著壓痕折斷，就能取出每次用量解凍。

調理範例

奶油培根醬
炒高麗菜雞肉

▶ P43

※ 使用冷凍保存的肉品時，請先解凍至八成（可用菜刀切開的程度）。
※ 包括肉品與其他食材在內，冷凍保存期間以三週為宜。

雞胸肉

雞胸肉切成一半後冷凍保存。可先做成清蒸雞肉，就能輕鬆完成沙拉或涼拌菜。

清蒸雞肉

1

雞肉灑上酒、鹽與胡椒，放進微波爐加熱。取出用手撕碎。

2

分成小份用保鮮膜包妥，放入冷凍用密封袋，擠出空氣後冷凍。

調理範例

小黃瓜
涼拌
棒棒雞

▶ P49

蝦子

一個人開伙時，每次用量約為
2～5隻蝦子。可直接冷凍，
再分別運用在料理中。

直接放入
密封保鮮袋裡

1

蝦子連殼放進冷凍用密封保鮮袋
裡，擠出空氣後再冷凍。

調理範例

**豆瓣醬
炒洋蔥蝦**
▶ P36

※ 泡水解凍後再使用。

豆腐

一整塊無法一次用完，花點巧
思即可延長保存期限。

每天換水
冷藏保存

1

將豆腐放進密封容器裡，倒入能
淹過豆腐的水，蓋上蓋子放進冷
藏室。每天都要記得換水。

生鮭魚

可直接冷凍生鮭魚，或趁著烤
（煎）鮭魚時，將另一片鮭魚
也烤（煎）熟，再剝碎成小魚
片，使用時就很方便。

小魚片

1

以烤箱將生鮭魚雙面烤熟。放涼
後去皮去骨，用筷子剝成小片。

2

徹底放涼後，分成每次調理的用
量，平鋪在保鮮膜上密封。放入
冷凍用密封保鮮袋冷凍保存。

調理範例
**烤鮭魚奶油義大利麵、
鮭魚炒飯等**

※ 請完全解凍或半解凍使用。

以保鮮膜密封
分開包裝

1

用保鮮膜分別密封每片生鮭魚，
放在鐵盤上急速冷凍。

2

結凍後，再連同保鮮膜一起放入
冷凍用密封保鮮袋，放回冷凍庫
保存。

調理範例

**粉煎鮭魚
佐番茄辣椒醬**
▶ P46

※ 請先解凍至八成再使用。

馬鈴薯

放在濕度高的環境容易發芽，買回家時務必放冷藏室保存。

放入塑膠袋冷藏保存

1

放入塑膠袋，封緊袋口冷藏。保存在 3～5 度的環境裡能讓澱粉轉變成糖分，增加甜度。

鮪魚罐頭

通常一整罐不容易用完，剩下的鮪魚最好冷凍保存。

以保鮮膜包起冷凍保存

1

開罐後倒出所有湯汁，用保鮮膜密封，冷凍保存。使用時須完全解凍。

蛋

保存期限快到的時候，請煮熟冷凍。分裝成一人份料理的用量，沒時間煮菜時就很方便。

做成炒蛋

1

在蛋汁裡加少許糖與鹽調味，倒入平底鍋中炒散，取出放涼備用。

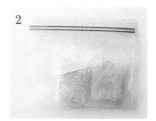

2

分成小分量並用保鮮膜包起，放在鐵盤上急速冷凍。結凍後放入冷凍用密封保鮮袋保存。

調理範例

**散壽司、
醋醃小黃瓜炒蛋、
蛋花湯**

※ 完全解凍後使用。

紅蘿蔔

不耐高溫潮濕，放在濕度與溫度較低的冷藏室比蔬果室好。

以保鮮膜包起冷藏保存

1

用保鮮膜分開包每一根紅蘿蔔，避免潮濕，再放進冷藏室保存。

洋蔥

洋蔥水分較多，容易從切口腐壞，最好包上保鮮膜。

切過的洋蔥放冷藏室保存

1

以保鮮膜確實密封洋蔥切口。保存時應放進冷藏室。

高麗菜

最理想的狀態是整顆冷藏，若因外出旅行無法吃完，亦可灑鹽後冷凍保存。

放入塑膠袋密封冷藏

1

為避免乾燥，應放入塑膠袋，擠出空氣後密封，放入蔬果室保存。

灑鹽後冷凍

1

灑上少許鹽，用雙手抹勻，高麗菜變軟後再搓揉。

2

出水後徹底擰乾水分，放入冷凍用密封保鮮袋。壓平袋子，放進冷凍庫。

調理範例
高麗菜湯等

※ 炒菜時要半解凍；煮湯或燉菜時則可在冷凍狀態下使用。

青菜

事先汆燙好綠色蔬菜，需要以蔬菜為料理增添顏色時，即使用量很少也能加快烹煮速度。

迅速汆燙、分成小分量

1

在滾水中一株株汆燙蔬菜，用料理長筷夾著，迅速過水。放涼後切成 3 ～ 5cm 長段。

2

分裝成容易使用的分量，用保鮮膜包起，再放入冷凍用密封保鮮袋冷凍保存。

調理範例

青菜雞肉治部煮
▶ P40

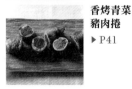
香烤青菜豬肉捲
▶ P41

※ 烹煮燉菜時可在冷凍狀態下直接下鍋。製作肉捲時則要半解凍，擰乾水分後捲起。

豆芽菜

現正流行「以 50 度熱水清洗豆芽菜」，可恢復細胞活力，讓易腐壞的豆芽菜長久保存。

以 50 度熱水清洗後冷藏保存

1

在調理碗中倒入 50 度的熱水，放入豆芽菜靜置。

2

1 分鐘後以網篩撈起，徹底瀝乾水分後，放入塑膠袋中冷藏保存。

調理範例

豆芽菜泡菜炒飯
▶ P80

少量也能保存美味，食材絕對不浪費

番茄

冷凍番茄可直接下鍋煮成番茄湯，十分方便。

切塊保存

1

番茄對半切，連皮切成大塊。直接放進冷凍用密封保鮮袋冷凍保存。

調理範例
義大利雜菜湯筆管麵
▶ P84

菇類

生鮮菇類可直接冷凍，濃縮菇類鮮味。

切成容易入口的大小

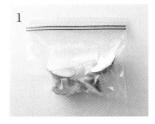

1

菇類切成適當大小，放在鋪著保鮮膜的鐵盤上急速冷凍。結凍後再放入密封袋冷凍保存。

調理範例
奶油炒什錦菇等

※ 炒菜、燉菜或煮湯時，皆可在冷凍狀態下直接使用。

小黃瓜

抹鹽適度出水後，冷凍過吃起來依舊清脆。

抹鹽

1

小黃瓜切成圓片，抹鹽後充分搓揉。出水後擰乾水分。

2

在鐵盤裡鋪上一層保鮮膜，一片片放上小黃瓜，蓋上保鮮膜急速冷凍。

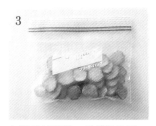

3

小黃瓜結凍後，從鐵盤取出，放進冷凍用密封保鮮袋，放回冷凍庫保存。

調理範例
馬鈴薯沙拉、
鹽漬鮭魚與小黃瓜拌飯等

※ 請完全解凍並擰乾水分後使用。

白蘿蔔

冷凍的白蘿蔔絲應先解凍，擰乾水分，即可炒出美味料理。

切成粗段

1

在鐵盤裡鋪上一層保鮮膜，放入切成粗段的白蘿蔔，蓋上保鮮膜急速冷凍。

2

白蘿蔔結凍後放入冷凍用密封保鮮袋，徹底擠出空氣，放回冷凍庫保存。

調理範例

辣醬炒
白蘿蔔與
維也納香腸
▶ P45

※ 炒菜時，應先半解凍再擰乾水分使用；煮湯底或味噌湯時，可在冷凍狀態下直接使用；做涼拌菜時則應完全解凍，擰乾水分再用。

熱騰騰的豆腐料理，
是寒冬時令人最想吃的一道菜，
養顏美容的豆漿湯底，
搭配富含食物纖維的
萵苣與日本水菜，
即可完成對女性最好的健康鍋。

豆漿
湯豆腐

253
kcal

一個人開伙
小撇步

豆漿不僅可以養顏美容、紓解便秘，營養價值相當高之外，熱量還很低。入菜時請選用不含砂糖與油脂的成分無調整產品。

材料（1人份）
木棉豆腐…½ 塊
萵苣…2 片
日本水菜…¼ 包（50g）
水…1 杯
高湯昆布…5cm
豆漿…1 杯
A｜醬油…1 大匙
　｜味醂…1 小匙
　｜柴魚片…¼ 包（1g）

作法
1　豆腐切成 4 塊，萵苣撕成大片，日本水菜切成 4cm 長。
2　在湯鍋中倒 1 杯水，將稍微擦拭過的昆布放進鍋裡加熱，快沸騰時取出昆布。
3　倒入豆漿煮滾，放入豆腐、萵苣和日本水菜再次煮沸即可離火。
4　拌勻 A 製成醬汁，搭配 3 一起食用。

※ 火鍋湯底若有剩，隔天可放入飯、鹽與胡椒，煮成豆漿雜燴粥。

材料（1 人份）

木棉豆腐…½ 塊
豬絞肉…50g
洋蔥…20g
番茄…½ 顆
A ┌ 鹽…⅛ 小匙
　│ 胡椒…少許
　└ 蛋汁…¼ 顆
B ┌ 洋蔥末…1 小匙
　│ 橄欖油…1 小匙
　│ 咖哩粉…1 撮
　└ 鹽、胡椒…各少許
沙拉油…1 小匙
綜合沙拉…適量

作法

1 用廚房紙巾包起豆腐，吸乾水分。洋蔥切成末。
2 在調理碗中放入絞肉與A，攪拌至黏稠。加入1再次攪拌，塑成橢圓形。
3 在平底鍋中倒入沙拉油燒熱，放入2，以中火煎2分鐘。轉小火蓋上鍋蓋，燜4分鐘。翻面重複相同步驟。
4 番茄去籽，切成末。將番茄、B放入調理碗中攪拌。
5 將3盛入盤裡，淋上4，擺上綜合沙拉。

339 kcal

豆腐漢堡排佐鮮番茄醬汁

絞肉只用50公克，拌入去水豆腐即可完成一道健康漢堡排。佐以生番茄製成的醬汁，吃起來清新爽口。

在簡單的生菜沙拉正中央，

放上一個分量十足的半月形荷包蛋。

筷子一戳，濃稠的蛋黃就會流出來，

可當成沙拉醬汁拌著食用。

鰻魚的鹹味可謂畫龍點睛的存在。

荷包蛋
凱薩沙拉

（227 kcal）

材料（1 人份）
蛋…1 顆
萵苣…2 片
芝麻菜…2 株
鰻魚…1 片
A｜美乃滋…1 大匙
　｜牛奶…1 小匙
　｜蒜泥…少許
　｜鹽、胡椒…各少許
起士粉…1 小匙
鹽、胡椒…各少許
橄欖油…1 小匙

作法
1 萵苣撕成一口大小，芝麻菜切成
　3cm 長。萵苣和芝麻菜拌勻，放在
　盤子裡。
2 鰻魚切成碎末，與 A 拌勻。
3 在平底鍋中倒入橄欖油燒熱，打入
　蛋，灑上鹽與胡椒。蛋白煎熟後對
　折，放在 1 上。
4 淋上 2，灑上起士粉即完成。

一個人開伙
小撇步

在蛋汁中拌入牛奶和披薩用起士，再倒入耐熱容器烘烤即可，作法相當簡單。搭配綠花椰菜，增添豐富口感。

簡易版 法式鹹派

364 kcal

材料（1 人份）

蛋…2 顆

綠花椰菜…50g

洋蔥…30g

培根…1 片

A｜披薩用起士…20g
　｜鹽、胡椒…各少許
　｜牛奶…2 大匙

鹽、胡椒…各少許

橄欖油…1 小匙

作法

1　綠花椰菜分成小朵，以保鮮膜包起，放入微波爐加熱 30 秒。洋蔥切成小丁，培根切成長條。

2　在平底鍋中倒入橄欖油燒熱，放入洋蔥與培根拌炒。洋蔥炒軟後，放入綠花椰菜、鹽與胡椒拌炒。

3　在調理碗中打入蛋，加 A 拌勻。

4　在耐熱容器裡放入 2，以繞圈方式淋上 3，放入烤箱烤 12～15 分鐘。過程中烤至表面變色後，蓋上鋁箔紙，繼續將裡面烤熟。

無須製作派皮，
且使用小烤箱即可。
亦可用菠菜、高麗菜與菇類等
當季食蔬取代綠花椰菜，
輕鬆變化出自己喜歡的口味。

材料（1 人份）
鮪魚罐頭…½ 小罐
木棉豆腐…½ 塊
蔥…½ 根
A 蔥末…1 小匙
　美乃滋…1 大匙
　味噌…1 小匙
鹽…少許

作法
1 用廚房紙巾包起豆腐，吸乾水分。切成三等分，灑上鹽。蔥則斜切成薄片。
2 瀝乾鮪魚罐頭的湯汁，搗碎鮪魚後與 A 拌勻。
3 在耐熱容器底部鋪上蔥，放上豆腐，淋上 2。放入烤箱烤 10 分鐘，表面烤至微焦即可。

美乃滋鮪魚醬烤豆腐

281 kcal

在常見的美乃滋鮪魚醬中加入味噌，瞬間完成口味濃郁的和風醬汁。淋在豆腐上，美味得令人驚歎！只要放進烤箱烤，無須其他調理步驟，整個空間都充滿令人食指大動的味噌香氣。

一個人開伙小撇步

醬汁很簡單，只要拌勻鮪魚、美乃滋、味噌、蔥末，淋在豆腐上，再放進烤箱裡，即可輕鬆完成這道美味料理。

鮪魚馬鈴薯
洋蔥炒蛋

295
kcal

以煮得軟嫩的蔬菜為底
灑上鮪魚，
再淋入蛋汁融為一體。
鮪魚讓這道清爽的
日式家常菜，
增添濃郁口味。

材料（1 人份）
鮪魚罐頭…½ 小罐
馬鈴薯…1 顆
洋蔥…¼ 顆
蛋…1 顆
A｜高湯…½ 杯
　｜酒…1 大匙
　｜醬油…½ 大匙
　｜砂糖…½ 小匙

作法
1 馬鈴薯切成長條，泡水去澀。洋蔥切成細絲，
　鮪魚罐頭瀝乾湯汁。雞蛋打散成蛋汁。
2 在平底鍋中倒入 A，放入馬鈴薯、洋蔥，蓋
　上鍋蓋，以大火加熱。煮滾後轉小火煮 10
　分鐘。
3 均勻灑上鮪魚，以繞圈方式淋上蛋汁，再次
　蓋上鍋蓋後即可關火，使蛋凝固在自己喜歡
　的硬度。
4 盛盤，家中若有鴨兒芹，放上一些點綴。

材料（1 人份）
馬鈴薯…1 顆
洋蔥…⅛ 顆
培根…1 片
A ┃ 芥末粒…1 小匙
　┃ 醋…½ 大匙
　┃ 鹽…⅙ 小匙
　┃ 胡椒…少許
橄欖油…½ 大匙
義大利巴西里…少許

作法
1 馬鈴薯帶皮洗淨後，用保鮮膜包起，放入微
　波爐加熱3 分30 秒。趁熱剝皮，粗略搗碎。
　洋蔥切成薄片，培根切成 1cm 長的條狀。
2 在調理碗中倒入 A 拌勻。
3 在平底鍋中倒入橄欖油燒熱，放入培根與洋
　蔥拌炒。炒至洋蔥呈現半透明狀，再放入馬
　鈴薯拌炒。
4 將 3 加入 2 裡，稍微拌勻即可盛入碗裡，放
　上義大利巴西里裝飾。

香烤
馬鈴薯沙拉

203
kcal

馬鈴薯先用微波爐加熱，
再稍微炒過，放入芥末粒
做成稍帶辣味的馬鈴薯沙拉。
做好後趁熱享用，
十分方便。
這道料理作法簡單，
味道卻很濃郁，
搭配簡單煎熟的肉類主菜，
好吃又方便。

香料燉馬鈴薯
小番茄與維也納香腸

308 kcal

在小湯鍋中
慢慢燉煮所有食材，
就像是完成一人份
法式蔬菜燉肉，
令人想要細細品嘗
馬鈴薯的香甜。
撲鼻而來的香料氣味
一吃上癮，
由內而外
溫暖你的身體。

一個人開伙
小撇步

在鍋中灑上混合了羅
勒、奧勒岡等的綜合
香料，不那麼喜歡香
料味道的人，只要使
用綜合香料也能輕鬆
做出適合自己的一人
份香料料理，享受香
料的美味。

材料（1人份）
馬鈴薯…1 顆
小番茄…4 顆
維也納香腸…3 條
水…½ 杯
A ┃ 綜合香料（乾燥）
 ┃ …少許
 ┃ 鹽…⅛ 小匙

作法
1 馬鈴薯切成四等分，泡水去澀，用
 網篩撈起瀝乾水分。維也納香腸表
 面斜劃幾刀。
2 在湯鍋中倒入 ½ 杯水，放入 1、小
 番茄後蓋上鍋蓋，開火加熱。煮滾
 後轉小火，燉 15～20 分鐘。起鍋
 前灑上 A 調味。

材料（1人份）
紅蘿蔔…½ 根
鮪魚罐頭…½ 小罐
蛋…1 顆
A｜醬油…½ 小匙
　｜酒…1 小匙
　｜鹽、胡椒…各少許
沙拉油…½ 大匙

作法
1 紅蘿蔔切成絲，鮪魚罐頭預先瀝乾湯汁，蛋打散備用。
2 在平底鍋中倒入沙拉油燒熱，放入紅蘿蔔炒軟後，加入鮪魚拌炒。
3 倒入A拌炒，以繞圈方式淋上蛋汁，大幅攪拌，蛋炒熟後關火起鍋。

一根紅蘿蔔
做二道菜

紅蘿蔔
鮪魚炒蛋

235
kcal

這道簡單的炒菜
可以吃到大量紅蘿蔔，
再用設計獨特的黑色盤子盛裝，
充分凸顯紅蘿蔔的
鮮豔色調，
令人食指大動。

燉煮紅蘿蔔與雞肉時，
在鍋中灑入柴魚片即可。
作法相當簡單，
卻能燉出濃郁鮮味。
吃一口，美味香氣瞬間充滿口腔，
這就是無可言喻的
令人懷念的美好滋味。

柴魚煮 紅蘿蔔與雞肉

(355 kcal)

一個人開伙
小撇步

重視料理香氣和風味
的人，絕對不要錯
過柴魚片與和風高湯
粉。開封後應盡早用
完。一個人開伙時，
使用 1 包 3g 的小包
裝柴魚片剛剛好。

材料（1 人份）
紅蘿蔔…½ 根
雞腿肉…½ 片
柴魚片…½ 包（1.5g）
A　水…½ 杯
　　酒…1 大匙
　　醬油…2 小匙
　　砂糖…1 小匙
紅辣椒…½ 根
沙拉油…1 小匙

作法
1　紅蘿蔔切成不規則塊狀，雞肉切成一口大小。
2　在平底鍋中倒入沙拉油燒熱，放入雞肉煎至兩面都變色後，再放入紅蘿蔔拌炒。
3　紅蘿蔔均勻沾附油脂後，放入 A、柴魚片與紅辣椒，蓋上鍋蓋。煮滾後，轉小火煮 15 分鐘。打開鍋蓋，再轉中火攪拌，使醬汁均勻沾附在食材上。

材料（1人份）

洋蔥…½ 顆
蝦子…5 尾
大蒜…¼ 瓣
薄薑片…1 片

A
鹽、胡椒
　…各少許
酒…1 小匙
太白粉
　…1 小匙

B
番茄醬…1 大匙
醬油…1 小匙
砂糖…¼ 小匙
酒…2 大匙
太白粉…¼ 小匙
豆瓣醬…¼ 小匙
芝麻油…2 小匙

作法

1 蝦子去殼，劃開背部剔除腸泥。在調理碗中放入蝦子與 A 仔細搓揉。

2 洋蔥切成月牙片；大蒜、薑切成末。將 B 拌勻備用。

3 在平底鍋中倒入芝麻油燒熱，放入蝦子與洋蔥拌炒，蓋上鍋蓋轉小火燜 3 分鐘。燜熟食材後打開鍋蓋，轉大火，放入豆瓣醬、大蒜與薑快速拌炒。最後淋上拌好的 B，煮到湯汁收乾。

一顆洋蔥
做二道菜

豆瓣醬炒洋蔥蝦

259 kcal

這道菜的主角是分量十足的洋蔥，雖然切得較大塊，稍微燜過之後，就讓豆瓣醬的辛辣味道充分入味。

蝦子放少一點就能降低這道菜的成本，突然想吃乾燒蝦仁時，不妨嘗試這道菜。

一個人開伙
小撇步

豆瓣醬不只能運用於中華料理，還能淋在豆腐上，或是當成煎餃、韓式煎餅的蘸醬。不妨將它當成辣椒醬，品嘗不一樣的辣味口感。

嫩
煎
雞
肉
佐
洋
蔥
醬
汁

320
kcal

巴
薩
米
克
醋
是
決
定
洋
蔥
醬
汁
味
道
的
重
要
關
鍵
。
加
一
點
點
就
能
輕
鬆
做
出
在
義
式
料
理
餐
廳
吃
到
的
美
味
。
這
道
醬
汁
淋
在
漢
堡
排
或
嫩
煎
竹
筴
魚
上
，
也
十
分
對
味
。

材料（1人份）

洋蔥…½ 顆
雞胸肉…½ 片
綠花椰菜…40g
A｜醬油…1 小匙
　｜巴薩米克醋…1 小匙
　｜鹽、胡椒…各少許
　｜蜂蜜…½ 小匙
鹽、胡椒…各少許
沙拉油、奶油…各 1 小匙

作法

1　將雞肉片成均一厚度，在兩面灑上鹽與胡椒。洋蔥切成薄片，綠花椰菜分成小朵。

2　在平底鍋中倒入沙拉油，以中火燒熱，將雞肉煎至變色後，轉小火煎 4 分鐘。翻面繼續煎。將綠花椰菜與洋蔥放在雞肉旁的空位，中火略轉小，雞肉與綠花椰菜煎熟後，將食材全部取出。

3　奶油放入平底鍋加熱融化，再放入洋蔥拌炒，炒至變色後倒入 A 調味。

4　將 2 盛入盤裡，淋上 3 即完成。

沖繩風豆芽菜炒豆腐

因工作晚歸時，豆腐和豆芽菜是最方便的食材。只要兩三下就能炒熟，迅速完成一道美味的快炒大幅縮短烹煮時間。不僅分量十足，熱量又低，「晚上九點後吃晚餐」時，這兩項食材是健康又不發胖的最佳選擇。

材料（1 人份）
豆芽菜…½ 包
萬能蔥…20g（6 根）
木棉豆腐…½ 塊
柴魚片…¼ 包
A｜ 味醂…1 小匙
　　醬油…2 小匙
　　鹽、胡椒…各少許
芝麻油…2 小匙

作法
1 用廚房紙巾包起豆腐，吸乾水分。萬能蔥切成 3cm 長段。
2 在平底鍋中倒入芝麻油燒熱，豆腐切成一口大小，放入鍋中炒至稍微變色後，再放入豆芽菜和萬能蔥拌炒均勻。
3 淋上 A 炒勻，起鍋前放入柴魚片迅速拌勻。

232 kcal

材料（1人份）
豆芽菜⋯½ 包
豬肉片⋯100g
蔥⋯¼ 根
A | 水⋯¼ 杯
  | 酒⋯1 大匙
  | 雞骨湯粉
  | ⋯¼ 小匙
  | 醬油⋯2 小匙
  | 鹽、胡椒⋯各少許

B | 太白粉⋯1 小匙
  | 水⋯2 小匙
鹽、胡椒⋯各少許
芝麻油⋯2 小匙

作法
1 豬肉灑上鹽與胡椒，蔥斜切成薄片。
2 在平底鍋中倒入芝麻油燒熱，炒熟豬肉。豬肉變色後，加入蔥與豆芽菜拌炒。
3 倒入 A 拌勻，煮滾後倒入調好的 B，再次煮沸至湯汁收乾。

豆芽菜燴豬肉

331 kcal

即使放入半包豆芽菜，
炒熟後依然可以
輕鬆吃完！
勾芡不只能
增加分量感，
還能濃縮美味，
吃起來更鮮甜！

一個人開伙
小撇步

簡單烹煮一人份快炒時，淋上一點太白粉水勾芡，就能增加分量感。亦有助於維持菜的熱度，不僅滿足胃，還能滿足心。

材料（1人份）

菠菜…⅓ 把
雞胸肉…½ 片
紅蘿蔔…4cm（40g）
A｜高湯…½ 杯
　｜味醂…2 小匙
　｜醬油…2 小匙
　｜砂糖…½ 小匙
太白粉…少許
鹽…少許

作法

1. 菠菜用保鮮膜包起來，放入微波爐加熱 1 分鐘，擰乾水分後切成 5cm 長段。紅蘿蔔縱切成 2～3mm 厚。
2. 雞肉斜切成薄片，抹鹽醃漬。
3. 在湯鍋中放入 A、紅蘿蔔，開火，蓋上鍋蓋。沸騰後轉小火，續煮 5 分鐘。
4. 雞肉均勻沾附一層薄薄的太白粉，放入 3 的湯汁中燉 10 分鐘。最後放入菠菜稍微煮過。盛入碗裡，依個人喜好加上山葵。

＊日本金澤知名地方菜，主要使用鴨肉與加糖的微甜湯汁烹調。

青菜雞肉
治部煮＊

281
kcal

感到疲累時
真的很想
吃一碗熱騰騰的
燉煮料理。
想要簡化烹煮步驟，
就用微波爐先將
青菜煮熟。
趁熱品嘗這道菜，
暖心也暖胃。

一個人開伙
小撇步

雞肉均勻沾附太白粉後，可增加湯汁濃稠度，口感也更滑嫩。在小調理碗中倒入一人份太白粉，即可輕鬆處理。

柚子胡椒炒青菜鮪魚

材料（1人份）
小松菜…⅓ 把
鮪魚罐頭…½ 小罐
柚子胡椒…⅓ 小匙
鹽…少許
沙拉油…½ 大匙

作法
1 小松菜切成 4cm 長段，鮪魚罐頭瀝乾湯汁。
2 在平底鍋中倒入沙拉油燒熱，放入小松菜與鮪魚拌炒。食材炒熟後，加入柚子胡椒，以鹽調味。

174 kcal

簡單的炒青菜只要加入柚子胡椒，就能為料理增添特有的滋味，瞬間變得豐富。嗆辣口感與刺激最適合大人亨用。起鍋前放一點，就能讓整道菜風味獨具。

一個人開伙小撇步

柚子胡椒是「烤雞肉」必備佐料，炒菜時也能拿來調味。一個人開伙最棒的地方，就是不必在意他人口味，全依個人喜好調味。

香烤青菜豬肉捲

材料（1人份）
菠菜…⅓ 把
薄豬肉片…4 片（100g）
紅甜椒…⅛ 顆
A｜番茄醬…1 小匙
　｜醬油…1 小匙
鹽、胡椒…各少許
沙拉油…1 小匙

作法
1 菠菜用保鮮膜包起，放入微波爐加熱 1 分鐘，擰乾水分後切成 4 ～ 5cm 長段。甜椒切絲。
2 攤開兩片豬肉片，稍微重疊在一起，灑上鹽與胡椒。
3 在 2 的尾端放上 1 的一半分量，往前捲起。剩下的一半放在另外兩片豬肉片上，以同樣方式捲起。
4 在平底鍋中倒入沙拉油燒熱，將 3 的封口處朝下，以中火一邊滾動一邊煎熟。
5 表面煎至變色後蓋上鍋蓋，轉小火燜 3 分鐘。倒入 A，讓醬汁均勻沾附食材後，切成容易入口的大小。

254 kcal

以豬肉捲起青菜和甜椒，再均勻沾附番茄醬，做成照燒口味。小小的一口濃縮所有美味。這道菜也很適合帶便當。

材料（1人份）

高麗菜…3片
薄豬五花肉片…100g
蔥…¼根
大蒜…¼瓣
豆瓣醬…⅓小匙
A｜甜麵醬…1小匙
　｜酒…1小匙
　｜醬油…1小匙
鹽、胡椒…各少許
芝麻油…2小匙

作法

1 高麗菜切大塊。豬肉切成4cm寬，灑上鹽與胡椒。蔥斜切成1cm長，大蒜切成薄片。

2 在平底鍋中倒入芝麻油燒熱，炒熟豬肉。豬肉變色後，放入蔥、大蒜和高麗菜拌炒。

3 高麗菜炒軟後，加入豆瓣醬。炒出香氣後加入A，迅速拌勻後起鍋。

半顆高麗菜做三道菜

高麗菜炒
回鍋肉

497
kcal

同時使用帶有甜味的甜麵醬以及口味嗆辣的豆瓣醬，利用中式調味料，調製出大人的味道。這個調味方式也很適合拿來做辣炒茄子，烹煮一人份快炒時，不妨嘗試看看。

一個人開伙
小撇步

甜麵醬不僅可以用來炒菜、抹在烤肉上，還可在起鍋前為料理增添風味，用途相當廣泛。

高麗菜獅子頭粉絲煲

材料（1人份）
高麗菜…3 片
豬絞肉…100g
冬粉…20g
蔥…¼ 根
A | 酒…1 小匙
　 | 薑末…少許
　 | 鹽、胡椒…各少許
　 | 芝麻油…½ 小匙
B | 水…1 杯
　 | 蠔油…1 小匙
　 | 醬油…2 小匙
　 | 鹽、胡椒…各少許

363 kcal

作法
1 高麗菜切大塊。蔥斜切成 6～7mm 厚的蔥片。
2 在調理碗中放入絞肉、A，攪拌至黏稠，捏成一顆肉丸子。
3 在湯鍋中放入 B，開火煮滾後，放入高麗菜、蔥、2。蓋上鍋蓋，轉小火，煲 10 分鐘，將肉丸子煲熟。
4 迅速洗淨冬粉，放入鍋中，續煲 5 分鐘，冬粉煲熟後即完成。

肉的鮮味
在過程中慢慢滲入
高麗菜與粉絲，
吃起來十分美味。
將絞肉捏成一顆
大獅子頭，
品嘗時將它
搗碎再吃，
也是一個人開伙的
飲食樂趣。

奶油培根醬炒高麗菜雞肉

甘甜高麗菜均勻沾附
蛋與牛奶，完成一道
口味溫潤的嫩煎料理。
重點在於，
起鍋前一定要灑上
現磨黑胡椒粒。
這一步驟為這道菜
增添大人風的辛辣滋味。

材料（1人份）
高麗菜…2 片
雞胸肉…½ 片
蛋…1 顆
薄蒜片…1 片

A | 牛奶…1 大匙
　 | 起士粉…2 小匙
　 | 鹽、胡椒…各少許
奶油…1 大匙
現磨黑胡椒粒…少許
鹽、胡椒…各適量

409 kcal

作法
1 雞肉斜切成一口大小的薄片，灑上少許鹽與胡椒。
2 高麗菜切塊。將蛋打入調理碗中，加入 A 調勻。
3 在平底鍋中放入奶油與大蒜，開小火，奶油融化後放入雞肉，轉中火拌炒，炒至稍微變色。
4 放入高麗菜拌炒，炒軟後灑上少許鹽與胡椒。
5 關火，以繞圈方式淋上 2 的蛋汁，大幅拌炒。趁著蛋軟嫩時起鍋裝盤，最後灑上一點鹽與胡椒提味。

材料（1 人份）
白蘿蔔…150g
鮪魚罐頭…1 小罐
鴨兒芹…6 根
A｜美乃滋…2 小匙
　｜胡椒…少許
鹽…少許

作法
1 白蘿蔔切成長條，放入調理碗中，灑鹽搓揉。出水變軟後倒掉水分。鴨兒芹切成 3cm 長段。
2 鮪魚罐頭瀝乾湯汁，放入調理碗中搗碎。倒入 A 拌勻，再加入 1 充分攪拌。

美乃滋鮪魚醬白蘿蔔沙拉

212
kcal

白蘿蔔與美乃滋鮪魚醬是永遠的經典搭配。
拌入香味獨特的鴨兒芹，
即可完成一道大人口味的沙拉。
使用具有深度的黑色圓盤，盛滿盤子，
看起來高雅洗練。

辣醬炒白蘿蔔與維也納香腸

300 kcal

材料（1人份）

白蘿蔔…150g
維也納香腸…3 根
薑…5g
A｜泰式甜辣醬…1 大匙
　｜醬油…1 小匙
芝麻油…½ 大匙

作法

1 白蘿蔔切成 5～6cm 長的粗段，維也納香腸切成斜薄片，薑切絲。
2 在平底鍋中倒入芝麻油燒熱，放入白蘿蔔與薑拌炒。白蘿蔔炒軟後，放入維也納香腸，再倒入 A 迅速拌炒均勻。

一個人開伙小撇步

味道甜甜辣辣的泰式甜辣醬鹽分較少，只要搭配醬油，即使是日式食材也能享受異國風味。

這道菜的烹煮祕訣就是，慢慢將白蘿蔔炒到軟，起鍋前再倒入泰式甜辣醬。如此一來，在家吃飯也能充分享受亞洲料理的香氣。

紅燒白蘿蔔豬肉

357 kcal

材料（1人份）

白蘿蔔…200g
厚豬頸肉片…1 片（100g）
薄薑片…2 片
A｜高湯…½ 杯
　｜酒…2 大匙
　｜砂糖…2 小匙
　｜醬油…1 大匙
萬能蔥…1 根

作法

1 白蘿蔔先縱向對半切，再切成 2cm 厚的半圓形。豬肉切成一口大小。
2 在湯鍋中放入 A、白蘿蔔，開火煮滾後，放入豬肉與薑。蓋上鍋蓋，轉小火燉 30 分鐘。
3 將食材盛入盤裡，灑上切成 1cm 長的萬能蔥即可上桌。

悠閒度過的假日最適合花時間燉煮料理，享受難得的做菜樂趣。慢慢燉煮白蘿蔔與厚切肉片，為下一週儲備充沛活力。

將番茄翻炒至軟爛成糊狀，
完成濃縮了甜味與酸味的醬汁，
並搭配可消除魚腥味的塔巴斯科辣椒醬。
先將醬汁淋在盤子上，再放上鮭魚，
就能讓紅色醬汁看起來更顯鮮豔。

兩顆番茄
做二道菜

粉煎鮭魚佐番茄辣椒醬

一個人開伙
小撇步

利用塔巴斯科辣椒醬
為番茄醬汁提味，加
辣之後，整道菜的味
道會更鮮明。辣度可
依個人喜好調整。

材料（1人份）
番茄…1顆
生鮭魚…1片
大蒜…少許
A│塔巴斯科辣椒醬、
　│鹽、胡椒…各少許
鹽、胡椒…各少許
麵粉…適量
橄欖油…1大匙

作法
1 番茄切成小丁，大蒜切成末。
2 鮭魚灑上鹽與胡椒，均勻沾附麵粉，再拍掉多餘的粉。
3 在平底鍋中倒入2小匙橄欖油燒熱，放入生鮭魚，以中偏小火煎4～5分鐘。翻面同樣方式煎熟後取出。
4 用廚房紙巾快速擦掉鍋裡的油，倒入剩下的橄欖油，加熱爆香大蒜，放入番茄，炒到番茄軟爛變成糊狀為止。再倒入A調味。
5 將4倒淋在盤子上，放上3。家中若有芝麻菜，可放上點綴。

332
kcal

材料（1人份）
番茄…1 顆
蛋…1 顆
蔥…¼ 根
A │ 醬油…1 小匙
　 │ 砂糖…¼ 小匙
鹽、胡椒…各少許
沙拉油…2 小匙

作法
1 番茄切成月牙片，蔥則斜切成 1cm 長的薄片。將蛋打散，灑上鹽與胡椒調味拌勻。
2 在平底鍋中倒入 1 小匙沙拉油燒熱，倒入 1 的蛋汁大幅攪拌，炒至半熟後先取出備用。
3 將剩下的沙拉油倒入同一個平底鍋中，熱好油鍋後放入蔥。炒出香氣後，放入番茄拌炒，以 A 調味。
4 倒入 2 的蛋，炒勻後起鍋。

番茄炒蛋

192 kcal

這道菜最適合忙碌的日子。
只要拌炒冰箱裡的番茄與蛋，
就是一盤簡單的美味。
番茄和雞蛋的鮮豔色調，
不僅好吃好看，也讓人充滿活力。

這是以小黃瓜為主角，
口味清爽的中式炒菜。
快炒的重點在於
保留原始的酸味與
小黃瓜清脆口感。

糖醋小黃瓜
拌炒豬肉

材料（1人份）
小黃瓜…1根
豬肉片…100g
薑…10g
A 醬油…1小匙
　 醋…1大匙
　 砂糖…½大匙
　 鹽…⅙小匙
鹽、胡椒…各少許
芝麻油…2小匙

作法
1 小黃瓜切成不規則塊狀，薑切成絲。豬肉灑上鹽與胡椒調味。拌勻A備用。
2 在平底鍋中倒入芝麻油燒熱，拌炒豬肉與薑絲。炒至豬肉變色後，加入小黃瓜迅速拌炒。再倒入A炒勻即可盛盤。

317
kcal

只要善用芝麻醬，就能輕鬆完成一人份料理，無須花時間研磨芝麻。在芝麻醬裡加一點辣油，更能突顯風味。

材料（1 人份）

小黃瓜⋯1 根
雞胸肉⋯½ 片
蔥末⋯1 小匙
蒜末⋯少許
A 酒⋯1 小匙
　　鹽、胡椒⋯各少許
B 白芝麻醬⋯2 小匙
　　醋⋯1 小匙
　　砂糖⋯½ 小匙
　　醬油⋯2 小匙
　　辣油⋯¼ 小匙
炒熟黑芝麻⋯少許

作法

1 雞肉灑上 A，用保鮮膜包起，放入微波爐加熱 2 分 30 秒。放涼後撕碎。
2 小黃瓜先切成 3cm 長段，再縱切成薄片。
3 在調理碗中放入蔥、蒜、B 拌勻，製成醬汁。
4 將小黃瓜鋪在盤底，放上雞肉，接著淋上 3 再灑上芝麻即完成。

小黃瓜涼拌棒棒雞

314 kcal

小黃瓜縱切成薄片後，可以充分享受生鮮蔬菜的水嫩口感。把小黃瓜放在大盤子的中間，再疊上不預先調味的雞肉，別放滿整個盤子，看起來更清爽。

鴻喜菇
炒泡菜豬肉

白菜泡菜是這道料理的幕後主角。泡菜鮮味取代高湯角色，使鴻喜菇充分入味。由於實在太好吃，就算用掉半包鴻喜菇，一個人也能輕鬆吃完。

323
kcal

材料（1人份）
鴻喜菇⋯½包（100g）
豬肉片⋯100g
青椒⋯1顆
白菜泡菜⋯50g
鹽、胡椒⋯各少許
醬油⋯1小匙
芝麻油⋯2小匙

作法
1 豬肉灑上鹽和胡椒，鴻喜菇分小朵，青椒切細絲，白菜泡菜瀝乾水分後切段。
2 在平底鍋中倒入芝麻油燒熱，放入豬肉拌炒。豬肉變色後，放入鴻喜菇、青椒一起炒。
3 蔬菜炒熟後，加入白菜泡菜拌炒，起鍋前淋上醬油調味。

材料（1 人份）
鴻喜菇
…½ 包（100g）
生鮭魚…1 片
洋蔥…¼ 顆
大蒜…¼ 瓣

A｜醋…1 大匙
　｜鹽…¼ 小匙
　｜橄欖油…2 小匙
　｜砂糖…½ 小匙
　｜胡椒…少許
　｜水…¼ 杯
鹽、胡椒…各少許
月桂葉…¼ 片

作法
1 鮭魚灑上鹽與胡椒。鴻喜菇分成小朵，洋蔥、大蒜切成薄片。拌勻 A。
2 在鍋裡鋪上洋蔥與蒜，再放上鮭魚和鴻喜菇，接著放入 A 與月桂葉，蓋上鍋蓋，開火蒸煮。醬汁煮沸後轉小火燉 10 分鐘。

清燉鴻喜菇與鮭魚

253 kcal

將食材放進鍋中，開火燉熟即可。醬汁清燉既能輕鬆入味，又受到大家歡迎。以簡單的橄欖油醬汁清燉，充分濃縮鴻喜菇和鮭魚鮮甜，為料理增添濃郁而有深度的風味。

一個人開伙小撇步

醬汁清燉的作法相當簡單，味道也十分爽口，是一道大人口味的料理。也很適合拿來燉雞肉、青花魚和沙丁魚等西式燉菜。

搭配使用喜歡的餐具，享受食尚美味

家中每一個餐具都是我在最愛的店家或旅行時發現後帶回家的。

一個人吃飯的好處，就是可以自由組合這些餐具。

餐具可以讓料理更美味。

因為想要使用某個碗盤，而開始想今天要做什麼菜，也是另一種趣味。

以大地色調統一整體
營造北歐溫馨風格

組合黃色、藍色、褐色與蒼綠色等大地色調，就能營造出充滿北歐風格的餐桌。以簡潔的白色小碗盛裝配菜或下酒菜，再放到黃色盤子裡，自然呈現出一體感。在湯碗旁放上一根木湯匙，更添溫暖氛圍。

組合搭配
不同材質的
日式餐具

這個餐桌上有陶器、瓷器和木碗等各種材質的日式風格餐具。熱騰騰的燉菜與湯品就用厚實且具有保溫性的陶器，其他料理與主食則隨興選擇喜歡的碗來盛裝。在白色與褐色等令人心曠神怡的餐具中，搭配一款青花瓷盤，成為注目焦點。

利用花朵圖案與金銀裝飾
為餐桌增添獨特風景

裝飾著阿拉伯式花紋的摩洛哥玻璃杯，
十分可愛，是生活用品店相當受歡迎
的商品。搭配質地厚實的深藍色、深
綠色碗盤，以及鑲上金邊、銀邊的特
色餐具，就能確實統合出摩洛哥風格。
盛上庫斯庫斯（北非小米飯），讓人彷
彿置身餐廳享用美食一般。

即使是看似
用途受局限的餐具
也能發揮巧思
變化出獨特用法

這是旅行時發現的，看一眼就想帶回
家的中式附蓋湯碗。不只能裝湯，還
能盛裝「小番茄麻婆豆腐」或炒飯等
日常料理，享受不同樂趣。搭配瓷湯
匙與中式方形竹筷，更能營造氣氛。

充滿個人化風味的尊榮調味料

這些調味料都是在品項豐富的進口食品行購買的，也是第一次使用。學會使用方法，就能為日常料理增添全新的個人風味。

Europe

橄欖油

巴薩米克醋

芥末粒

我家裡隨時都有一瓶可生食的特級初榨橄欖油，可以淋在生魚片上，或是與巴薩米克醋調成醬汁使用。巴薩米克醋和芥末粒加熱後，辣味與酸味會變溫和，吃起來較順口，因此很適合煮湯。

Japan

芝麻油

辣油

柚子胡椒

芝麻醬

山椒粉

山椒粉和柚子胡椒最重要的就是香氣，若是拿來炒菜，加熱過度會流失香氣，因此一定要起鍋前再加。將芝麻油和辣油拿來為湯品調味，或為「韓式蔘雞翅湯」（P.102）等鍋品提味，只要關火前淋上幾滴，就能瞬間提升香氣。芝麻醬最適合拿來做涼拌，可以充分品嘗濃郁的芝麻香。喝味噌湯之前加在湯裡，就能增添風味，令人一喝上癮。

Ethnic

蠔油

甜麵醬

苦椒醬

魚露

泰式甜辣醬

平時會買卻很難用完的異國調味料，不妨拿來為日常料理提味。味道獨特的魚露可為咖哩或義大利麵提味。蠔油加在炒菜或燉菜裡，吃起來更香濃。帶有甜味的甜麵醬與豆瓣醬拌在一起，可以突顯豆瓣醬的辣味。通常都直接使用的苦椒醬和泰式甜辣醬，其實也很適合拿來炒菜。

第 2 章
一個人開伙也可以很簡單

一般認為燉菜就是要在大鍋子裡一次燉多一點才好吃，步驟繁複的油炸料理，最好邀朋友來家裡玩時再做；每到傍晚，百貨公司的地下美食街賣得最好的熟食，通常都是做一人份很難做得好吃，或是直接買現成比較省事的菜餚。

但其實，一人份料理想要做得好吃並非不可能，只要選用適合的調理工具，調味上再多花點巧思即可。

或者，亦可一次多做一點小菜當成「常備基礎菜」，藉此變化出第二道、第三道菜，就能避免從零開始做菜的焦慮。

再搭配一道三分鐘速成小菜，就能輕鬆組合出營養均衡的套餐。

品嘗剛做好的美味瞬間——

這就是大人風一人份料理才能享受到的醍醐味。

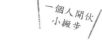

材料相當簡單，
馬鈴薯、牛肉與洋蔥
即可組合出
最佳料理。
燉煮時湯汁放多一點，
一人份也能煮得
入味好吃。

馬鈴薯燉肉

一個人開伙
小撇步

材料（1 人份）
牛肉片…50g
馬鈴薯…1 大顆
洋蔥…¼ 顆
A　高湯…½ 杯
　　酒…1 大匙
　　砂糖…1 小匙
　　醬油…2 小匙
　　鹽…少許
沙拉油…1 小匙

作法
1 牛肉切成一口大小，洋蔥
縱向對切。馬鈴薯也切成
一口大小後泡水，之後撈
起瀝乾水分。
2 在湯鍋中倒入沙拉油燒
熱，放入馬鈴薯拌炒。炒
勻後放入牛肉稍微拌勻，
倒入A煮到滾。撈起浮渣，
蓋上鍋蓋，轉小火燉
15 ～ 20 分鐘。

只要有肉，再搭配家
庭常備的馬鈴薯和洋
蔥即可。這道菜的事
前處理步驟較少，想
吃就能立刻做。

321
kcal

一個人開伙
小撇步

一人份的高麗菜捲只
需用到兩片高麗菜，
用微波爐加熱可以省
去煮水汆燙的步驟，
縮短烹煮時間。

材料（1人份）
高麗菜…2 片
洋蔥…30g
培根…1 片
綜合絞肉…100g
A｜鹽、胡椒、
　｜肉豆蔻…各少許
B｜高湯塊…¼ 個
　｜水…¾ 杯
　｜月桂葉…¼ 片
鹽、胡椒…各少許

作法
1　高麗菜放入塑膠袋，以微波爐
　加熱1分鐘，削掉較硬的菜芯。
　洋蔥切末，培根切成3cm寬。
2　在調理碗中放入絞肉、A，充
　分拌勻。攪拌至黏稠後，加入
　洋蔥繼續攪拌。分成二等分，
　捏成長筒狀。
3　取一片高麗菜包覆2的其中之
　一，並用牙籤固定。剩下的食
　材也以相同方式包妥。
4　在鍋中放入3、削下來的菜芯、
　培根、B，蓋上鍋蓋。煮滾後
　轉小火，燉煮15～20分鐘。
　起鍋前灑上鹽與胡椒調味。

高麗菜捲

318 kcal

以西式高湯燉煮出
清爽順口的高麗菜捲。
切成小片的培根用來增添風味，
由於培根不捲入高麗菜裡，
只要一片就夠了。

材料（1人份）
雞翅…3 根
高麗菜…2 片
白蘿蔔…100g（3cm）
紅蘿蔔…¼ 根
洋蔥…¼ 顆

A 高湯塊…¼ 塊
水…2 杯
B 薄蒜片…1 片
月桂葉…1 小片
（大片可使用 ½ 片）
鹽…¼ 小匙
胡椒…少許

作法
1 將每片高麗菜切成四等分。白蘿蔔切成一大口大小，紅蘿蔔切成不規則塊狀，洋蔥切成月牙片。
2 在鍋中放入 A，煮滾後放入雞翅、1、B，蓋上鍋蓋。再次煮沸後轉小火，燉 20 分鐘。起鍋前灑上鹽與胡椒調味。

法式蔬菜燉雞翅

243 kcal

想確實攝取足夠蔬菜時，最適合享用煮成湯的燉煮料理。一鍋就能「吃到好多蔬菜！」的滿足感，令人回味無窮。

一人份
燉菜

薄肉片很快就能煮熟，捲成一口大小可以縮短烹煮時間，看起來就像分量十足的肉塊，吃起來入口即化。

紅酒燉牛肉

473 kcal

使用市售的牛肉醬汁即可事半功倍。比起不容易用完的罐頭包裝，70g 的袋裝產品更適合一個人開伙使用，可以完全用完。

材料（1人份）
薄牛肉片…100g
紅蘿蔔…¼ 根
洋蔥…¼ 顆
馬鈴薯…1 小顆
鴻喜菇…¼ 包（50g）
紅酒…2 大匙
水…¾ 杯
A │ 牛肉醬汁
　　 │ …1 包（70g）
　　 │ 番茄罐頭（切塊）
　　 │ …¼ 罐（100g）
奶油…2 小匙
鹽、胡椒…各適量

作法
1 攤開牛肉，灑上少許鹽與胡椒，將每片牛肉捲成一口大小。
2 紅蘿蔔切成 1cm 厚的圓片，洋蔥縱切成三等分。馬鈴薯切成月牙片，鴻喜菇分成小朵。
3 在平底鍋中放入奶油加熱融化，放入牛肉煎至表面微微變色。除了鴻喜菇之外，將所有食材全部加入拌炒。
4 食材炒勻後倒入紅酒煮到滾，再加入 ¾ 杯水，蓋上鍋蓋。煮沸後轉小火，燉 15 分鐘。
5 放入鴻喜菇與 A，蓋上鍋蓋再燉 10 分鐘。起鍋前灑上鹽與胡椒調味。

做這道菜時一定要注意，
豬肉應選擇
一口大小的產品，
才能放入小平底鍋炸。
炸小塊肉絕對比
炸一大塊肉
更省時、更容易炸熟。

炸豬排

$\binom{412}{\text{kcal}}$

材料（1 人份）
一口豬排用豬肉
（里肌肉、腿肉等）…100g
蛋汁…¼ 顆
生麵包粉…適量
鹽、胡椒…各少許
麵粉…適量
炸油…適量
高麗菜絲…1 片份
豬排醬…適量

作法
1 在豬肉兩面灑鹽與胡椒。
2 豬肉均勻沾上一層薄薄的麵粉，再
  沾附蛋汁，裹上麵包粉，用手輕壓，
  使其服貼。
3 在平底鍋中倒入 1.5cm 深的炸油，
  以中火燒熱。拿兩粒麵包粉放入鍋
  中，如發出劈里啪啦的聲音就放入
  2，炸 2～3 分鐘。翻面再炸 2～
  3 分鐘，炸至金黃色後取出，瀝乾
  油分。
4 將 3 盛入盤裡，放上高麗菜絲，再
  淋上豬排醬。

材料（1人份）
蝦子…3 尾
青椒…1 顆
香菇…1 朵
紅蘿蔔…30g
蛋黃…2 小匙
鹽…少許
麵粉…4 大匙
冷水…3⅓ 大匙

作法

1 以竹籤剔除蝦子的腸泥，剝掉蝦殼，留下尾部一截，引出蝦尾的積水。在蝦子的側腹部劃三刀。

2 青椒縱切成四等分，香菇切掉菇柄後，再切成一半。紅蘿蔔切成較粗的長段。

3 在調理碗中放入蛋黃，與冷水拌勻。倒入麵粉稍微攪拌，製作麵衣。

4 在平底鍋中倒入 1.5cm 深的炸油，燒熱至 170 度（放入料理長筷會起泡的溫度）。

5 以廚房紙巾吸乾蝦子水分，沾附 3 的麵衣，輕輕放入 4 的油鍋裡。以中火炸 2 分鐘，翻面炸 1 分鐘後取出，瀝乾油分。

6 青椒、香菇皆沾附麵衣，放入油鍋中炸 1 分鐘。將紅蘿蔔放入剩下的麵衣裡，拌勻後分成三等分，炸 1 分鐘後取出，瀝乾油分。

7 將 5、6 盛盤，沾鹽一起食用。

天婦羅

483 kcal

站在油鍋旁，一炸好天婦羅，就忍不住立刻吃掉，雖然不太雅觀，但享用熱騰騰美味正是一人份油炸料理最迷人的地方。

一個人開伙
小撇步

選擇小尺寸春捲皮，
若使用一般春捲皮請
切半使用。餡料分量
較少，做起來重量較
輕，也可以縮短油炸
的時間。

材料（1人份）
雞柳…2 條
蔥…4cm
香菇…1 朵
豆芽菜…40g
春捲皮…4 小片
A｜醬油…1 小匙
　｜鹽、胡椒…各少許
　｜芝麻油…1 小匙
B｜麵粉…1 小匙
　｜水…少於 1 小匙
炸油…適量
芥末醬…少量

作法
1 雞柳去筋，切成薄片，再切成絲。放入
　調理碗中，加入 A 搓揉均勻。
2 蔥切成絲，香菇切掉菇柄後切成薄片，
　連同豆芽菜一起放入 1 的調理碗中拌
　勻。B 調勻，做成麵糊。
3 在一片春捲皮的一端放上 1 的 ¼ 分量，
　往前捲起，在封口處抹上麵糊固定。剩
　下的春捲皮與餡料也以同樣方式包妥。
4 在平底鍋中倒入 1.5cm 深的炸油，開小
　火。將料理長筷放入鍋中試油溫，開始
　略微起泡後，放入 3 炸 3 分鐘，翻面炸
　3 分鐘。起鍋前轉大火，炸至金黃酥脆
　後撈起，瀝乾油分。
5 將炸好的春捲放入深盤，搭配芥末醬一
　起食用。

炸春捲

467
kcal

若使用較快炸熟的
食材製作餡料，
便無須事先炒過。
完成後的春捲尺寸很小，
也很適合姊妹淘聚會時當小點心。

一人份
油炸料理

當天可能晚回家時，
可在早上先醃好雞肉，
放入冷藏室保存。
回家後只要炸好即可上桌。

材料（1人份）

雞腿肉…½ 片
A｜醬油…1 小匙
　｜味醂…½ 小匙
　｜薑汁…¼ 小匙
鹽、胡椒…各少許
太白粉…1 大匙
炸油…適量
檸檬角…1 片

作法

1 雞肉切成一口大小，放入
　調理碗中。灑上鹽與胡椒
　輕輕攪拌，倒入 A 搓揉均
　勻，醃漬 15 分鐘。

2 瀝乾 1 的醬汁，均勻灑上
　太白粉，再拍掉餘粉。

3 在平底鍋中倒入 1.5cm 深
　的炸油，以中火燒熱。將
　料理長筷放入鍋中試油
　溫，開始略微起泡後，放
　入 2 炸 3 分鐘，翻面再炸
　3 分鐘。轉大火將雞塊表
　面炸得酥脆，放在廚房紙
　巾上瀝乾油分。

4 將雞塊放入盤裡，放上檸
　檬角。

唐揚炸雞

一個人開伙
小撇步

357
kcal

與天婦羅一樣，一人
份炸雞的麵衣也要少
一點。使用小調理碗
醃肉或裹粉，減輕事
後清潔的負擔。

基本版燉鹿尾菜

入味的燉鹿尾菜拿來做其他料理時，調味方式愈簡單愈好。亦可放在飯上或拌入沙拉食用。

材料（方便製作的分量）

乾鹿尾菜…30g
紅蘿蔔…40g
香菇…1 朵
油豆腐皮…½ 片
A│高湯…1 杯
　│酒…2 大匙
　│砂糖…1½ 大匙
　│醬油…2½ 大匙
沙拉油…½ 大匙

作法

1 鹿尾菜洗淨，泡在一大盆水中 20 分鐘，泡開還原。用網篩撈起，瀝乾水分。
2 紅蘿蔔切成粗段，香菇切掉菇柄後切成薄片。油豆腐皮泡在熱水裡去油，切成小段。
3 在平底鍋中倒入沙拉油燒熱，放入 1、2 拌炒，再倒入 A 拌勻，蓋上鍋蓋。煮滾後轉小火燉 15 ～ 20 分鐘。

保存筆記

放涼後，裝入密封容器裡冷藏，可保存 4 ～ 5 天。冷凍保存時，請先分裝成單次用量，以保鮮膜包起來放入冷凍用密封袋，再放進冷凍庫。

鹿尾菜蛋包

材料（1 人份）

基本版燉鹿尾菜…3 大匙（30g）
蛋…1 顆
奶油…1 小匙
鹽、胡椒…各少許

作法

1 將蛋打散於調理碗中，放入「燉鹿尾菜」、鹽與胡椒拌勻。
2 在平底鍋中放入奶油，加熱融化後放入 1，用料理長筷大幅攪動。蛋煎至半熟後，塑成半月形。將兩面煎至金黃色。
3 將煎好的蛋包盛入盤裡，家中若有櫻桃蘿蔔，可放上點綴。

鹿尾菜豆腐煎餅

材料（1 人份）

基本版燉鹿尾菜…3 大匙（30g）
木棉豆腐…½ 塊（150g）
蔥…3cm
鹽…少許
麵粉…1 小匙
沙拉油…½ 大匙
白蘿蔔泥…適量

作法

1 用廚房紙巾包起豆腐，吸乾水分。蔥切成末。
2 將豆腐放入調理碗中，用手捏碎，再放入蔥、麵粉、鹽拌勻。放入「燉鹿尾菜」攪拌均勻，分成三等分後，壓成餅狀。
3 在平底鍋中倒入沙拉油，以較小的中火燒熱，放入 2。蓋上鍋蓋煎 3 分鐘，翻面煎 3 分鐘。
4 將豆腐餅盛入盤裡，搭配白蘿蔔泥一起食用。

鹿尾菜蛋包

蛋包是日式料理的常見菜色，
煎蛋時要大幅攪動蛋汁，
即可迅速完成蛋包。

124 kcal

鹿尾菜豆腐煎餅

改變以往的油炸方法，
拌入豆腐後煎成豆腐餅。
最適合減肥期間吃，
搭配白蘿蔔泥，吃起來更爽口。

197 kcal

基本版什錦雜燴

使用大量蔬菜做成的什錦雜燴，是歐洲小酒館的經典菜色。夏季蔬菜與番茄味道十分協調，夏天時多做一點放在冰箱，方便又好吃。

材料（方便製作的分量）

洋蔥…¼ 顆
紅甜椒…½ 顆
茄子…1 個
節瓜…1 個
大蒜…¼ 瓣
A │ 番茄罐頭
　 │（切塊）…¼ 罐
　 │ 鹽…⅓ 小匙
　 │ 胡椒…少許
月桂葉…1 片
乾羅勒…少許
橄欖油…2 小匙

作法

1 洋蔥、甜椒切成 3cm 塊狀，茄子、節瓜切成 1cm 厚的圓片（較大條的節瓜先縱向對半切，再切成 1cm 厚的半圓形）。大蒜切成末。
2 鍋裡倒入橄欖油，放入大蒜，以中火爆香，加入洋蔥炒軟。依序放入茄子、節瓜與甜椒，充分拌炒後，放入A、月桂葉、乾羅勒拌勻。蓋上鍋蓋，轉小火燉 20 分鐘。

什錦雜燴焗烤飯

材料（1 人份）

基本版什錦雜燴…⅓ 量
火腿…2 片
熱飯…1 碗（150g）
A │ 奶油…1 小匙
　 │ 鹽…⅕ 小匙
　 │ 胡椒…少許
披薩用起士…30g

作法

1 將飯放入調理碗中加A拌勻，倒入耐熱容器裡鋪平。
2 在另一個調理碗中放入「什錦雜燴」、切成長條的火腿充分拌勻。
3 將 2 淋在 1 上，灑上起士。放入烤箱烤 10 分鐘，烤至表面稍微變色即可。

保存筆記

放涼後，裝入密封容器裡冷藏，可保存 3～4 天。冷凍保存時，請先放入冷凍用密封保鮮袋，壓平後放進冷凍庫。

嫩煎豬排佐什錦雜燴

材料（1 人份）

基本版什錦雜燴…⅓ 量
豬里肌肉（炸豬排用）…1 片
A │ 水…2 大匙
　 │ 番茄醬…1 小匙
　 │ 砂糖…⅓ 小匙
鹽、胡椒…各適量
醋…1 大匙
麵粉…適量
橄欖油…1 小匙

作法

1 將「什錦雜燴」稍微再切成小塊。
2 豬肉先灑上少許鹽與胡椒，均勻沾附麵粉，再拍掉多餘的粉。
3 在平底鍋中倒入橄欖油燒熱，放入豬肉，以較小的中火煎至金黃色。翻面，以同樣方式煎熟後取出。
4 在同一個平底鍋中倒入醋煮到滾，加入 1、A再次煮沸，灑上鹽與胡椒調味。
5 將 3 盛入盤裡，淋上 4。家中若有綜合沙拉，可放在旁邊點綴。

嫩煎豬排佐什錦雜燴

392 kcal

添加番茄醬立刻變身成酸甜醬汁，

這道菜雖以肉為主角，

卻能吃到大量蔬菜呢。

什錦雜燴焗烤飯

502 kcal

淋在飯上

就是一道配菜豐富的燉飯，

番茄與起士的搭配十分出色。

基本版肉醬

肉醬也是家中必備菜色。

即使搭配以蔬菜或飯為主的料理，

也能輕鬆攝取肉類，

能讓人大大感到滿足。

材料（方便製作的分量）

綜合絞肉…200g

洋蔥…¼ 顆

芹菜…50g

大蒜…¼ 瓣

蘑菇…6 朵

紅酒…3 大匙

A 番茄罐頭
　　（切塊）…1 罐
　　高湯塊…½ 塊
　　鹽…⅓ 小匙
　　胡椒、肉豆蔻
　　…各少許
　　月桂葉…1 片

鹽、胡椒…各少許

橄欖油…2 小匙

作法

1 洋蔥、芹菜、大蒜切成末。蘑菇則切成薄片。

2 在鍋中倒入橄欖油與大蒜，以中火爆香，放入洋蔥，轉大火快炒。炒勻後轉小火仔細拌炒。

3 加入芹菜，轉大火快炒。放入絞肉炒開。

4 倒入紅酒煮到滾，放入蘑菇、A 拌勻，再次煮沸後轉小火。蓋上鍋蓋，燉15 ～ 20 分鐘。起鍋前再灑入鹽與胡椒調味。

肉醬燉
水煮蛋與甜椒

材料（1 人份）

基本版肉醬
…¼ 量

水煮蛋…2 顆

紅甜椒…1 顆

A 水…¼ 杯
　 蠔油…2 小匙

鹽、胡椒…各少許

作法

1 水煮蛋剝殼，甜椒縱切成四等分。

2 甜椒放入平底鍋中，開火蓋上鍋蓋，燜 5 分鐘。倒入「肉醬」、A、水煮蛋拌勻，再煮 10 分鐘。灑上鹽與胡椒調味。

咖哩肉醬炒飯

材料（1 人份）

基本版肉醬
…¼ 量

熱飯
…1 大碗（200g）

奶油…1 大匙

A 咖哩粉…2 小匙
　 鹽、胡椒
　 …各少許

萵苣…2 片

作法

1 在平底鍋中放入奶油加熱融化，倒入白飯炒開，飯粒均匀沾附奶油後，加入「肉醬」拌炒。再灑上 A 炒勻。

2 萵苣撕成適當大小，鋪在盤底，放上 1。家中若有切碎的烤杏仁，可放上點綴。

保存筆記

放涼後，裝入密封容器裡冷藏，可保存 3 ～ 4 天。冷凍保存時，可用冷凍用密封保鮮袋分裝單次用量，壓平後放進冷凍庫。

肉醬燉
水煮蛋與
甜椒

以肉醬燉煮水煮蛋
以及燜過的甜椒，
不僅分量十足，也很入味。

378
kcal

咖哩肉醬炒飯

加入咖哩粉增添辛辣味，
與飯一起拌炒，
完成一道美味的肉醬咖哩炒飯。

646
kcal

基本版鹽漬豬肉

花兩晚慢慢熟成，
完全封住豬肉鮮味。
直接切成薄片吃
也很美味。

材料（方便製作的分量）
豬頸肉（肉塊）…300g
月桂葉…1 片
鹽…1½ 大匙
胡椒…少許

作法
1 豬肉均勻灑上鹽與胡椒，充分搓揉，放入密封袋裡。擠出空氣，放進冷藏室冰兩晚。
2 用水洗掉豬肉表面的鹽與胡椒。
3 在直徑超過 16cm 的湯鍋中，倒入 3 杯水加熱。水滾後放入 2、月桂葉，再煮沸後轉小火，燉 40 分鐘。關火，放涼後備用，無須再做其他調理。

高麗菜煮鹽漬豬肉

材料（1 人份）
基本版鹽漬豬肉
…⅓ 量
基本版鹽漬豬肉
湯汁…¼ 杯
高麗菜…⅓ 顆
白酒…1 大匙
胡椒…少許

作法
1 高麗菜縱向對切，「鹽漬豬肉」切成容易入口的小塊。
2 在鍋中放入 1、「鹽漬豬肉」的湯汁、白酒，蓋上鍋蓋加熱。煮沸後轉小火，燜 20 分鐘。
3 盛盤，灑上胡椒調味。

※沒有湯汁的話可以改放 ¼ 杯水，起鍋前以少許鹽和高湯塊調味。

鹽漬豬肉生春捲

材料（1 人份）
基本版鹽漬豬肉
…⅓ 量
小黃瓜…½ 根
紅蘿蔔…20g
青紫蘇…2 片
生春捲皮…2 片
甜辣醬…適量

作法
1 小黃瓜、紅蘿蔔、「鹽漬豬肉」切成絲，青紫蘇縱向對半切。
2 生春捲皮泡水，鋪在砧板上，放入 1 的一半分量包成春捲。剩下的分量也以相同方式包妥。
3 將一條生春捲切成三等分，放在盤裡，搭配甜辣醬一起食用。

保存筆記
放涼後，將肉從湯汁中取出，裝入密封容器裡冷藏，可保存 4～5 天。煮肉的湯汁適合拿來煮湯，可放入密封容器或保鮮袋中保存。冷凍保存時，請用保鮮膜分裝每次使用的分量，再放入冷凍用密封保鮮袋冰起來。煮肉的湯汁亦可冷凍。

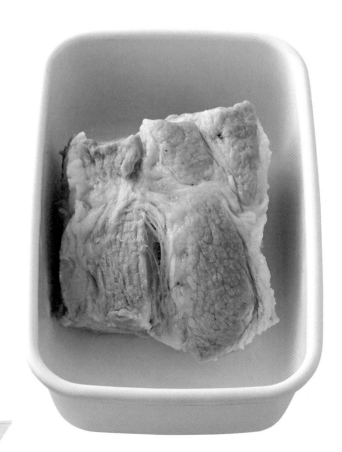

高麗菜煮鹽漬豬肉

高麗菜與豬肉的鮮味完全滲入湯汁裡，不只食材好吃，連湯也好喝。

246 kcal

生春捲

口味清爽的鹽漬豬肉與蔬菜的組合，最適合搭配泰式甜辣醬。

298 kcal

基本版牛肉時雨煮 ※

層次十足的鹹甜口味，即使食欲不振還是令人一口接一口，燉煮至湯汁收乾的程度，有助於延長保存期限。

材料（方便製作的分量）
牛肉片…200g
牛蒡…½ 根（80g）
薑…10g
A｜酒…3 大匙
　｜砂糖…1½ 大匙
　｜醬油…1½ 大匙

作法
1　牛蒡削成粗絲，泡水後瀝乾水分。薑切成絲。
2　在鍋中放入 A 煮滾。再放入 1、牛肉，一邊攪拌一邊燉煮。

牛肉沙拉散壽司

材料（1 人份）
基本版牛肉時雨煮…⅓ 量
小黃瓜…½ 根
萵苣…1 片
小番茄…3 顆
熱飯…1 大碗（200g）
A｜醋…1 大匙
　｜砂糖…1 小匙
　｜鹽…⅕ 小匙
鹽…少許

作法
1　小黃瓜切成小圓片，灑上少許鹽後搓揉，出水變軟後輕輕擰乾水分。萵苣撕成一口大小，小番茄切成四等分。
2　拌勻 A，製作醬汁。
3　將飯放入調理碗中，倒入 A 拌勻，做成壽司醋飯。放入「牛肉時雨煮」、1，大略攪拌即可上桌。

柳川風滑蛋牛肉 ＊＊

材料（1 人份）
基本版牛肉時雨煮…⅓ 量
日本水菜…50g
蛋…1 顆
水…¼ 杯

作法
1　日本水菜切成 3cm 長段，蛋打散。
2　在平底鍋中放入「牛肉時雨煮」、¼ 杯水，開火加熱。煮滾後放入日本水菜，迅速攪拌。以繞圈方式淋上蛋汁，蓋上鍋蓋關火，依個人喜好煮成半熟狀態。

＊時雨煮，日本常見料理烹調手法，意味著一時降下的雨，有短時間烹煮的意思，一般多加入生薑、醬油等特調醬汁燉煮。

＊＊柳川風為日本料理烹調方法的一種。無論主食材為何，都加牛蒡和蛋，並用醬油、糖、味醂、柴魚高湯燉煮。

保存筆記
放涼後，裝入密封容器裡冷藏，可保存 3～4 天。冷凍保存時，可用冷凍用密封保鮮袋分裝單次用量，再放進冷凍庫。

牛肉沙拉散壽司

將沙拉蔬菜拌入飯裡，
很晚才吃晚餐時，
無須花費時間煮菜就能飽食一頓。

572
kcal

柳川風滑蛋牛肉

由於牛肉和牛蒡都會煮出鮮味，
因此無須使用高湯，
放在飯上就能享用美味蓋飯。

289
kcal

晚回家時根本
沒時間做好幾道菜，

不過，只要利用冰箱現有蔬菜，
短短三分鐘就能
完成美味小菜！
作法相當簡單，
可輕鬆品嘗食材的水嫩口感，
舒緩一整天的緊繃情緒。

醃梅乾拌綠花椰菜

帶有淡淡的醃梅乾鹹味與酸味
灑上柴魚片輕鬆增添美味

拌勻即可

25
kcal

材料（1 人份）
綠花椰菜⋯60g
醃梅乾⋯½ 顆
柴魚片⋯2 撮

作法

1 綠花椰菜分成小朵，汆
燙後放入調理碗中。醃
梅乾切碎，與柴魚片一
起放入碗中充分拌勻。

辣油拌小黃瓜

小黃瓜要拍出裂痕
才更能入味

拌勻即可

25
kcal

材料（1 人份）
小黃瓜⋯1 根
辣油⋯少許
醬油⋯½ 小匙
鹽⋯少許

作法

1 用擀麵棍輕拍小黃瓜，
再用手掰成一口大小。
放入調理碗中，倒入辣
油、醬油與鹽拌勻。

材料（1人份）
紅蘿蔔…½ 根
A｜醋…2 小匙
　｜砂糖…½ 小匙
　｜鹽…⅛ 小匙
　｜沙拉油…1 小匙
　｜胡椒…少許

作法
1 用削皮器將紅蘿蔔削成
　薄片，放入調理碗中，
　與A拌勻，靜置5分鐘，
　使其入味。

紅蘿蔔
沙拉

削成薄片生吃
一入口就能吃到自然甘甜

拌勻即可

71
kcal

材料（1人份）
高麗菜…1 片
A｜蒜末…少許
　｜芝麻油…½ 小匙
　｜鹽、砂糖、
　｜一味唐辛子
　｜…各少許
炒熟白芝麻…少許

作法
1 高麗菜迅速汆燙，切成
　長條，放入調理碗中。
　放入 A 拌勻，盛盤，灑
　上白芝麻即可上桌。

唐辛子
醃高麗菜

唐辛子充分突顯
水煮高麗菜的甘甜

拌勻即可

49
kcal

材料（1人份）
南瓜…100g
奶油…½ 小匙
醬油…1 小匙

作法
1 用保鮮膜包起南瓜，放
　入微波爐加熱 2 分鐘。
　趁熱切成大塊，放入調
　理碗中，再放入奶油、
　醬油拌勻。

奶油醬油
拌南瓜

善用微波爐加熱
讓南瓜迅速沾附奶油

拌勻即可

101
kcal

材料（1 人份）
菠菜…100g
A ｜ 鹽、胡椒…各少許
　 ｜ 起士粉…½ 大匙
橄欖油…1½ 小匙

作法
1 依菠菜長度切成三等
　分。在平底鍋中倒入橄
　欖油燒熱，放入菠菜拌
　炒，再加入 A 炒勻。

起士
炒菠菜

也適合搭配漢堡排
與粉煎鮭魚

拌炒即可

87
kcal

材料（1 人份）
豆苗…1 包
大蒜…½ 瓣
A ｜ 蠔油…1 小匙
　 ｜ 醬油…½ 小匙
　 ｜ 鹽、胡椒…各少許
芝麻油…1½ 小匙

作法
1 依照豆苗長度對切，大
　蒜切成薄片。
2 在平底鍋中倒入芝麻
　油，放入大蒜，以中火
　爆香。放入豆苗，轉大
　火快炒，倒入 A 拌炒即
　完成。

大蒜
炒豆苗

以大火快炒豆苗
作法簡單的正統中華料理！

拌炒即可

105
kcal

材料（1 人份）
青椒…1 顆
蘘荷…2 個
鹽、胡椒…各少許
橄欖油…1 小匙

作法
1 青椒切成絲，蘘荷切成
　薄片。
2 在平底鍋中倒入橄欖油
　燒熱，放入 1 拌炒，再
　灑上鹽與胡椒調味。

青椒
快炒蘘荷

這道味道清爽的炒菜
能吃到令人難忘的香氣和口感

拌炒即可

45
kcal

鱈魚子炒金針菇

拌炒即可

用酒取代油來炒鱈魚子，口味溫醇又健康

56 kcal

材料（1人份）
金針菇…½ 包
鱈魚子…30g
酒…1 小匙
鹽…少許

作法
1 將金針菇剝開，鱈魚子去除薄皮。
2 熱好平底鍋，放入金針菇、鱈魚子、酒，拌炒到熟。灑鹽調味。

鰻魚炒蘆筍

拌炒即可

蘆筍充滿鰻魚特有鹹味吃起來相當特別

54 kcal

材料（1人份）
綠蘆筍（細）…1 把
鰻魚…1 片
大蒜…¼ 瓣
鹽、胡椒…各少許
橄欖油…1 小匙

作法
1 蘆筍切成三等分。
2 大蒜、鰻魚切成末。
3 在平底鍋中倒入橄欖油，放入2以火爆香後，再加入蘆筍一起拌炒，最後灑上鹽與胡椒調味。

涼拌小松菜

水煮即可

以高湯煮青菜與油豆腐皮輕鬆完成口味溫和的日式小菜

63 kcal

材料（1人份）
小松菜…100g
油豆腐皮…¼ 片
A ┃ 高湯…½ 杯
┃ 味醂…1 小匙
┃ 醬油…1½ 小匙

作法
1 小松菜切成3cm長段。油豆腐皮淋熱水去油，切成細絲。
2 在鍋中放入A煮到滾，加入1再次煮沸後，轉小火，煮7～8分鐘。

材料（方便製作的分量）
小黃瓜、紅蘿蔔、芹菜、
白蘿蔔等蔬菜…200g
A｜水…½ 杯
　｜醋…3 大匙
　｜蜂蜜…1 大匙
　｜鹽…⅓ 小匙
　｜胡椒…少許
　｜薄薑片…2 片
　｜檸檬切片…2 片

作法
1 蔬菜切成容易入口大小。
2 將 A 放入耐熱容器裡，加
　入蔬菜，以保鮮膜覆蓋，
　放進微波爐加熱 1 分 30
　秒。放涼即可食用。

蜂蜜檸檬
醃鮮蔬

拿出冰箱裡的蔬菜
完成色彩繽紛的爽口小菜

醃漬即可

120
kcal

材料（1 人份）
茄子…1 個
A｜醬油…1 小匙
　｜醋…½ 小匙
　｜芝麻油…½ 小匙
　｜芥末醬…少許
蔥…3cm

作法
1 茄子用保鮮膜包起，放
　入微波爐加熱 1 分 30
　秒。放涼後，斜切成
　1.5cm 的厚片。拌勻 A，
　淋在茄子上。將茄子盛
　入盤裡，灑上蔥絲即可
　上桌。

微波茄子
佐中華醬汁

以微波爐蒸熟的茄子
搭配辣味醬汁一起食用

淋上即可

52
kcal

材料（1 人份）
番茄…1 小顆
薑…5g
酸桔醋醬…½ 大匙

作法
1 番茄縱向對半切，再切
　成一口大小。薑切成絲
　備用。
2 番茄盛盤，灑上薑絲，
　再淋上酸桔醋醬。

番茄佐薑絲
酸桔醋醬

使用市售酸桔醋醬即可
醬汁的香氣令人難忘

淋上即可

31
kcal

第3章
一個人開伙也絕對不發胖

一個人吃飯時很容易因為難得做菜，不想浪費而吃太多⋯⋯

有時下班晚了，回到家吃晚餐已經超過九點，在這樣的情況下，即使吃得少也容易發胖。

為了滿足各位需求，這一章將介紹晚回家也能迅速完成，低熱量且使用大量蔬菜，吃一盤就飽足的「主食」；以及喝一碗就飽足的「料理湯品」。

再加上偶爾想喝酒時，一定要來一盤的低卡「小酒館風下酒菜」。

全都是最適合死黨聚會的美味小點！

無論多晚回家，一定要吃飽再睡──

當你有信心做好一人份料理並好好吃飯時，就能讓你每天早上充滿活力，積極面對所有挑戰！

鴻喜菇起士燉飯

498 kcal

燉飯比用電鍋煮飯
更省時間，
即使回家後才開始做，
不一會兒就能享用美食。

豆芽菜
泡菜炒飯

490 kcal

白菜泡菜不僅刺激食欲，
還能為炒飯調味。
搗碎荷包蛋拌勻再吃，
也能品嘗另一番滋味。

鴻喜菇起士燉飯

材料（1人份）
米…½ 杯
洋蔥…¼ 顆
鴻喜菇…½ 包
火腿…2 片
大蒜…¼ 瓣
A 高湯塊…¼ 塊
  水…1¼ 杯
B 披薩用起士…20g
  鹽…⅙ 小匙
  胡椒…少許
橄欖油…1 小匙
起士粉…1 小匙

作法
1 洋蔥與大蒜切末，鴻喜菇分小朵。火腿切成長段。
2 在鍋中倒入橄欖油，放入大蒜爆香，再放入洋蔥炒軟，之後加米拌炒。
3 放入鴻喜菇、火腿、A 拌勻，蓋上鍋蓋，煮沸後轉小火燉 8 分鐘。灑入 B 拌勻，盛入盤裡，最後灑上起士粉即完成。

炒過的生米與新鮮蔬菜一起燉煮，一盤就能攝取到蔬菜的營養。加入番茄，煮成紅色燉飯也很美味。

豆芽菜泡菜炒飯

材料（1人份）
熱飯…1 碗（150g）
白菜泡菜…100g
豆芽菜…100g
蔥…¼ 根
蛋…1 顆
A 白芝麻醬…2 小匙
  醬油…2 小匙
  鹽、胡椒…各少許
芝麻油…1 小匙
沙拉油…½ 小匙

作法
1 白菜泡菜切塊，蔥切成末。
2 在直徑 24cm 的平底鍋中倒入芝麻油燒熱，放入飯、豆芽菜炒開。加入 1 繼續拌炒。最後加入 A 炒勻，盛入碗裡。
3 迅速洗過 2 的平底鍋，倒入沙拉油燒熱，打一顆蛋，煎成荷包蛋。放在 2 上。

放入一大把低卡豆芽菜，增加炒飯分量。在起鍋調味前再放入，迅速炒過即可，保留清脆口感。

強棒烏龍麵

488
kcal

強棒麵的特色就是使用大量蔬菜，
是女性在外午餐的首選。
做成清淡爽口的日式口味，
光是蔬菜就超過一百八十公克。

綠咖哩

513
kcal

這道辣得過癮的咖哩
是近年來泰國料理餐廳
最受歡迎的菜色。
使用市售咖哩醬包，
在家也能輕鬆享受泰式咖哩。

綠咖哩

材料（1人份）
熱飯…1 小碗（120g）
蝦子…5 尾
青椒…1 顆
茄子…1 個
椰奶…½ 杯
綠咖哩醬…2 小匙（¼ 包）
魚露…½ 大匙
沙拉油…1 小匙
水…½ 杯

作法
1 青椒切成不規則塊狀。茄子縱向削皮後，切成 1cm 厚圓片。蝦子去殼，剔除腸泥。
2 在平底鍋中倒入沙拉油燒熱，放入 1 拌炒。炒勻後加入 ½ 杯水，蓋上鍋蓋，煮滾後燉 4～5 分鐘。
3 倒入椰奶、綠咖哩醬拌勻，添加魚露調味，再次煮到滾後與飯一起盛入盤裡。

※ 剩下的咖哩醬用保鮮膜包起，再放進冷凍用密封保鮮袋冷凍保存。椰奶分裝成單次用量，倒入密封容器裡冷凍保存。

不發胖
調理祕訣

綠咖哩的熱量比牛肉咖哩和雞肉咖哩低，而且使用很容易煮熟的食材作主食，因此可縮短烹煮時間。

強棒烏龍麵

材料（1人份）
水煮烏龍麵…1 球
豬肉片…50g
冷凍綜合海鮮…50g
高麗菜…1 片
紅蘿蔔…30g
小松菜…50g
蔥…¼ 根
A｜高湯…1¾ 杯
　｜味醂…1 小匙
　｜醬油…2 小匙
　｜鹽…¼ 小匙
芝麻油…1 小匙

作法
1 高麗菜切成較寬的長條狀，紅蘿蔔切絲，小松菜切成 3cm 長段，蔥斜切成 1cm 長。
2 在平底鍋中倒入芝麻油燒熱，放入豬肉、蔥拌炒。炒至豬肉變色後，放入高麗菜、紅蘿蔔、小松菜、綜合海鮮。炒勻後倒入 A 煮到滾，放入烏龍麵迅速煮熟。

不發胖
調理祕訣

只要使用冰箱裡既有的蔬菜即可。不沾鍋有助於減少芝麻油的用量，晚一點吃晚餐也不用擔心。

義大利雜菜湯
筆管麵

九點以後吃的晚餐
只要一個鍋子就能搞定，
義大利麵也放進鍋裡煮，
簡化調理步驟。

317 kcal

越式湯冬粉

一到午餐時間，
小攤子的越式湯冬粉最受歡迎。
只要善用角露調味，
輕鬆就能煮好越式湯冬粉。

432 kcal

84

義大利雜菜湯筆管麵

材料（1人份）
筆管麵…50g
高麗菜…1 片
洋蔥…¼ 顆
番茄…1 小顆
青椒…1 個
大蒜…¼ 瓣
A │ 高湯塊…¼ 塊
　│ 水…1½ 杯
鹽…¼ 小匙
胡椒…少許
橄欖油…½ 大匙
起士粉…1 小匙

作法
1 高麗菜大略切過。洋蔥、番茄、青椒切小丁，大蒜切成末。
2 在湯鍋中倒入橄欖油、大蒜加熱，爆香後放入洋蔥拌炒。洋蔥炒軟後，加入青椒、番茄、高麗菜炒勻，接著放入 A。
3 煮滾後放入筆管麵攪拌，蓋上鍋蓋。再次煮滾後，轉小火燉 15 分鐘。起鍋前灑鹽與胡椒調味。盛盤，灑上起士粉。

番茄、高麗菜與青椒等各式蔬菜都加一點，不放培根也能煮出清澈湯底，富含蔬菜精華，健康又美味。

不發胖
調理祕訣

越式湯冬粉

材料（1人份）
冬粉…60g
雞腿肉…80g
蔥…5cm
豆芽菜…50g
A │ 酒…2 小匙
　│ 水…2½ 杯
　│ 薄薑片…5g
B │ 魚露…1 大匙
　│ 鹽、胡椒…各少許
萵苣…2 片
檸檬角…1 片

作法
1 雞肉切成一口大小，蔥則切成斜片。
2 在鍋中放入 A 與雞肉，蓋上鍋蓋加熱。煮滾後轉小火，燉 10 分鐘。
3 將蔥、迅速洗過的冬粉、豆芽菜放入鍋中，再煮 3～4 分鐘後以 B 調味，即可盛入碗裡。放上撕成一口大小的萵苣與檸檬角。

冬粉充滿嚼勁，也容易吸附湯汁，吃完後很飽足。煮一人份的冬粉只要過水清洗，無須事先汆燙。

不發胖
調理祕訣

坦都里
香烤雞翅

豆腐醃鱈魚子

微炙鮭魚片

想喝一杯時，來盤媲美
小酒館的下酒菜

大蒜蒸
蛤蜊節瓜

番茄燉杏鮑菇與
維也納香腸

熱醬煮
花枝蕪菁

朋友在家聚會時
立刻就能端出來的前菜

豆腐
醃鱈魚子

219 kcal

材料（1人份）
木棉豆腐…⅓塊（100g）
鱈魚子…30g
洋蔥末…2小匙
美乃滋…2小匙
鹽、胡椒…各少許

作法
1 用廚房紙巾包起豆腐，吸乾水分。
鱈魚子去除薄皮後剝開。
2 豆腐放入調理碗中，以叉子壓碎，
再放入鱈魚子、洋蔥、美乃滋拌勻。
灑上鹽與胡椒調味，盛入碗中即完
成。可依個人喜好搭配餅乾或蔬菜
食用。

大蒜與鰻魚風味的醬汁
十分出色，令人食指大動

熱醬煮
花枝蕪菁

227 kcal

材料（1人份）
花枝…½隻
（體型較小的花枝用1整隻）
蕪菁（帶葉）…1顆
大蒜…½瓣
醃鰻魚（鹽漬發酵）…1片
A｜橄欖油…2小匙
　｜鹽、胡椒…各少許
橄欖油…½小匙

作法
1 花枝去皮，切成圓片。將蕪菁莖部
留下3cm，其餘枝葉切下備用。球
根部分去皮，切成月牙片；枝葉部
分切成5cm長段。
2 在小耐熱碗中放入大蒜、1大匙水、
蓋上保鮮膜，放入微波爐加熱1分
20秒。把水倒掉，趁熱以叉子搗碎
大蒜。
3 鰻魚切碎，放入2的耐熱碗，加入
A拌勻。
4 在平底鍋中倒入橄欖油燒熱，放入
蕪菁，以中火煎至表面變色。轉大
火，放入花枝和蕪菁葉拌炒。
5 花枝變色後盛入盤裡，淋上3。

表面煎得焦香
亦可捲起蔬菜享用

微炙
鮭魚片

309 kcal

材料（1人份）
鮭魚（生魚片用的魚片）…100g
鹽、胡椒…各少許
橄欖油…1小匙
萵苣…1片
芝麻葉…1株
羅勒醬…1½小匙

作法
1 鮭魚灑上鹽與胡椒。
2 在平底鍋中倒入橄欖油燒熱，放入
鮭魚煎熟表面。取出後放在冰水裡
冰鎮。用廚房紙巾吸乾水分，切成
適當厚度。
3 萵苣撕成一口大小，芝麻葉切成
3cm長。
4 在盤裡鋪上3，再放上2，最後淋
上羅勒醬即大功告成。

不只蛤蜊好吃
鮮美湯汁也是一絕

大蒜蒸
蛤蜊節瓜

（54 kcal）

材料（1人份）
蛤蜊（帶殼）…200g
節瓜…½ 條
大蒜…½ 瓣
紅辣椒…½ 根
白酒…1 大匙
鹽、胡椒…各少許

作法
1 吐沙後，用手撈起蛤蜊，一邊磨擦
　一邊用水洗淨。節瓜切成 2cm 厚
　片，再切成四等份。大蒜切薄片。
2 平底鍋中放入 1、紅辣椒、白酒，
　煮滾後蓋上鍋蓋，轉小火燜煮。蛤
　蜊開口後，灑上鹽與胡椒調味。

在辣醬中加入優格
為料理增添溫潤風味

坦都里
香烤雞翅

（230 kcal）

材料（1人份）
雞翅…3 隻
A　原味優格…2 大匙
　　薑泥…¼ 小匙
　　蒜泥…少許
　　番茄醬…½ 大匙
　　咖哩粉…½ 小匙
鹽…¼ 小匙
胡椒…少許
沙拉油…少許
萵苣…1 片
洋蔥…20g
檸檬角…1 片

作法
1 沿著內側骨頭的生長部位，在雞翅
　劃上幾刀，灑上鹽與胡椒。
2 將 A 倒入塑膠袋混合均勻，放入 1
　搓揉，冷藏醃漬一晚（時間不夠時
　在室溫下醃 1 小時）。
3 在烤箱鐵盤鋪上一層鋁箔紙，抹上
　薄薄一層沙拉油，放上 2 烤 15 分
　鐘，烤至金黃色。
4 萵苣撕成容易入口的大小，洋蔥切
　成薄片泡水，之後撈起瀝乾。
5 將 3、4、檸檬角盛盤即可享用。

辣椒粉的嗆辣滋味
令人一吃上癮

番茄燉
杏鮑菇與
維也納香腸

（269 kcal）

材料（1人份）
維也納香腸…3 條
杏鮑菇…1 朵
洋蔥…⅙ 顆
A　番茄罐頭（切塊）…50g
　　辣椒粉…1 小匙
　　水…2 大匙
　　鹽、胡椒…各少許
橄欖油…1 小匙

作法
1 維也納香腸斜劃幾刀，洋蔥切成
　1cm 小丁。杏鮑菇切開菇柄與菇
　傘，菇柄部分斜切 1cm 厚片，菇
　傘縱切成四等分。
2 在平底鍋中倒入橄欖油燒熱，放入
　洋蔥炒軟後，再加入杏鮑菇、維
　也納香腸拌炒。食材炒勻後，倒入 A
　拌勻。蓋上鍋蓋，轉小火燉 10 分
　鐘即完成。

材料（1人份）
綜合豆…1 包（50g）
洋蔥…¼ 顆
綠花椰菜…40g
A｜水…¾ 杯
　｜高湯塊…¼ 塊
B｜牛奶…½ 杯
　｜鹽、胡椒…各少許
奶油…1 小匙
麵粉…½ 大匙

豆子鮮蔬巧達濃湯

222
kcal

作法
1 洋蔥切成 1cm 小丁，綠花椰菜分成小朵。
2 在湯鍋裡放入奶油，加熱融化後將洋蔥炒軟，倒入麵粉。小心攪拌避免燒焦，加入 A 繼續拌炒。
3 放入綜合豆，蓋上鍋蓋。煮滾後轉小火煮 7～8 分鐘，不時攪拌。
4 加入綠花椰菜，再煮 3 分鐘。倒入 B，再次煮沸即完成。

分量滿點的
飽足湯品

這道口味溫潤的牛奶湯，
放了滿滿一碗的
綜合豆類與新鮮蔬菜，
搭配麵包食用就很飽足。

材料（1人份）
豬肉片…50g
白蘿蔔…100g
蔥（含綠色部分）…¼ 根
高湯…1 杯
味噌…2 小匙
沙拉油…1 小匙

三品豬肉味噌湯

189
kcal

作法
1 較大的肉片先切成小片，白蘿蔔切成四分之一圓。蔥綠的部分切成 1cm 長，蔥白的部分切成蔥花。
2 在湯鍋中倒入沙拉油燒熱，放入豬肉與白蘿蔔拌炒。倒入高湯，蓋上鍋蓋，煮滾後轉小火再煮 10 分鐘。放入蔥綠的部分，溶入味噌，再次煮沸即可離火。
3 將湯盛入碗裡，灑上蔥白。

材料前前後後只有
三樣而已。
但豬肉煮出的
鮮味滲入白蘿蔔裡，
最適合配飯吃了。

韓式泡菜豆腐湯

材料（1人份）
白菜泡菜…50g
韭菜…20g
豆腐…¼ 塊
A｜水…1 杯
　｜酒…1 小匙
B｜醬油…1 小匙
　｜鹽、胡椒…各少許
芝麻油…1 小匙

127 kcal

作法

1 白菜泡菜切塊，韭菜切成 3cm 長段。
2 在湯鍋中倒入芝麻油燒熱，放入白菜泡菜拌炒，倒入 A 煮到滾。放入豆腐並用湯勺挖開豆腐，倒入 B 調味，灑上韭菜再次煮沸即大功告成。

只要放入泡菜
就能輕鬆調出辣味，
均勻沾附在豆腐上，
口味堪稱一絕。
在寒冷的冬天裡，
能由內而外溫暖身體。

洋蔥蝦泰式酸辣湯

材料（1人份）
蝦子…2 尾
洋蔥…¼ 顆
薑…5g
檸檬切片…1 片
A｜水…1 杯
　｜雞骨湯粉…½ 小匙
　｜紅辣椒…½ 根
B｜魚露…1 小匙
　｜鹽、胡椒…各少許
檸檬汁…1 小匙

67 kcal

作法

1 蝦子去殼，剔除腸泥。洋蔥切成粗絲，薑切成薄片。
2 在湯鍋中放入 A 與薑，加熱煮到滾，放入蝦子與洋蔥。
3 再次煮沸後，轉小火煮 5 分鐘。倒入 B 調味，放入檸檬切片。將湯盛入碗裡，淋上檸檬汁，依個人喜好添加香菜。

又辣又酸甜的湯汁
充滿檸檬香氣，
放入大量口感
甘甜的洋蔥，
味道清爽恰到好處。

倒入熱水即可
食用的速食湯品

善用柴魚片輕鬆做高湯
梅肉的酸味令人驚豔

梅乾
蘘荷湯

12 kcal

材料（1人份）&作法
1 將1顆蘘荷切成薄片後，與½顆的梅肉、1撮柴魚片一起放在碗裡，倒入150ml熱水，再灑上少許鹽調味即可食用。

辛辣的薑味
令人食指大動

薑絲
鹽昆布湯

8 kcal

材料（1人份）&作法
1 將5g薑切成絲。
2 在碗中放入薑、1撮鹽昆布，倒入150ml熱水，灑上少許鹽調味即完成。

柔軟的薯蕷昆布
可瞬間泡出美味高湯

日本水菜
薯蕷昆布湯

9 kcal

材料（1人份）&作法
1 將6根日本水菜切成3cm長段。
2 碗中放入日本水菜、1撮薯蕷昆布，倒入150ml熱水，淋上適量醬油調味。

無須使用菜刀
省下許多清洗步驟

萵苣海帶芽味噌湯

24
kcal

材料（1人份）&作法
1 將 ½ 片萵苣撕成容易
　入口的大小。
2 在碗中放入萵苣、1
　小匙乾海帶芽、2 撮
　柴魚片、½ 大匙的味
　噌，倒入 150ml 熱水
　拌勻。

可細細品嘗蝦子濃縮的
鮮味與香甜

櫻花蝦蔥花味噌湯

25
kcal

材料（1人份）&作法
1 將 4cm 蔥切成蔥花。
2 在碗中放入蔥、1 撮
　櫻花蝦、½ 大匙味
　噌，倒入 150ml 熱水
　拌勻。

可以品嘗到
瞬間加熱的蔬菜口感

小番茄芽菜湯

18
kcal

材料（1人份）&作法
1 3 顆小番茄對半切，
　搗碎 ¼ 塊高湯塊。
2 在碗中放入1、¼ 包
　（15g）芽菜，倒入
　150ml 熱水，放入少
　許鹽與胡椒調味。

適合一個人開伙的

調理工具

一個人開伙的料理原則就是使用小尺寸調理工具，煮出來的分量才會剛好。仔細逛逛進口廚具用品店，絕對能發現順手好用的調理工具喔。

1 直徑 14 〜 16cm 的湯鍋

剛好能放入一人份料理食材的小湯鍋，無須擔心煮破食材的問題。應選擇鍋蓋可以蓋緊的產品，避免少量湯汁蒸發。

2 直徑 20cm 的平底鍋

小平底鍋可以炒也可以炸，炒飯或煎雞肉時建議使用大一號，亦即直徑 24cm 的平底鍋。

3 直徑 13 〜 15cm 的調理碗

直徑 13cm 適合做涼拌菜或用來拌絞肉；如要做天婦羅的麵衣，使用直徑 15cm 的調理碗較適合。

4 直徑 15cm 的附把手網篩

這個尺寸的網篩最適合用來撈一人份麵條。選擇附把手的工具，連同網篩一起放入鍋中，拿來燙青菜即可輕鬆瀝乾水分。

5 迷你調理碗

迷你調理碗最適合調製一人份料理的調味料，或為食材裏上少量麵粉。

第4章

一個人開伙也能夠很健康

一個人吃飯很容易重複吃
自己喜歡的食材與料理，
若每天吃外食，這種情形會更嚴重。
如果妳也注重美容與健康，
請務必每天選擇不同食材與餐點。

本章介紹的料理全都有助於解決現代單身男女
最容易遇到的問題，例如：

「最近有點變胖」、「精神老是不好」、
「肌膚看起來很疲憊」、「要注意膽固醇值」等等。

請參考每道料理附注的「健康筆記」，
發揮巧思並善用資訊，為每天菜色增添變化。
營養均衡的飲食、注重身體健康的三餐，
才能為你打好基礎，過好成年之後的一個人生活。

中式蒸豆腐

196
kcal

以低卡路里
且具有飽足感的
豆腐為主食材，
辛辣的豆瓣醬汁
風味獨具。

豆腐含有大量蛋白質
且熱量相當低，又能
增加料理分量，最適
合取代肉類。豆苗富
含食物纖維，能有效
改善便秘。

材料（1人份）
豆腐⋯200g（1小包）
蔥⋯3cm
豆苗⋯½包
薄薑片⋯1片
榨菜（已調味）⋯10g
A　芝麻油⋯½小匙
　　醋⋯1小匙
　　醬油⋯2小匙
　　豆瓣醬⋯少許

作法
1　豆腐切成4小塊。蔥、薑切成絲，豆苗
　　依長度切成三等分。
2　在耐熱容器裡鋪上豆苗，放上豆腐，灑
　　上蔥與薑。蓋上保鮮膜，放入微波爐加
　　熱3分鐘。
3　榨菜粗略切碎，與A拌勻。
4　將熱好的2盛入碗裡，淋上3。

材料（1人份）

雞柳…2 條
秋葵…4 條
鹽…⅛ 小匙
胡椒…少許
橄欖油…1 小匙
檸檬角…1 片

作法

1 雞柳切成一半厚度，灑上鹽與胡椒。秋葵去蒂，灑上少許鹽（額外分量）搓揉，用水洗淨。

2 取 1 片雞柳斜向包覆 1 條秋葵。剩下的食材也以相同方式包起。

3 在鍋中倒入橄欖油燒熱，將 2 的封口處朝下，一一放入鍋中。開中火，一邊轉動一邊煎，煎至表面稍微變色後，蓋上鍋蓋。轉小火，煎 4～5 分鐘。

4 盛盤，放上檸檬。

雞柳捲秋葵

144 kcal

以小分量的肉包裹新鮮蔬菜，發揮巧思就能增加分量感。秋葵可替換成自己喜歡的蔬菜。

健康滿點筆記

吃太快會讓人在大腦飽食中樞受到刺激前，吃下過多食物。請務必養成每一口細嚼慢嚥，進而產生飽足感的飲食習慣。

菇類不僅熱量低，還富含食物纖維。鯷魚的特殊鹹味變化出不同美味，令人一口接一口。

什錦菇辣炒鯷魚

85 kcal

健康滿點筆記

紅辣椒內含的辣椒素能有效燃燒脂肪。減肥期間要減少油脂攝取量，但油分有助於改善便秘，因此應適量攝取。

材料（1人份）
杏鮑菇…2朵
鴻喜菇…½包（100g）
鯷魚…1片
紅辣椒…½根
A 醬油…½小匙
　鹽、胡椒…各少許
橄欖油…1小匙

作法
1 切開杏鮑菇的菇柄與菇傘，菇柄切成斜片、菇傘縱切成四等分。鴻喜菇分成小朵，鯷魚切碎，紅辣椒切成小圓片。
2 在鍋中倒入橄欖油燒熱，放入菇類、紅辣椒拌炒。炒勻後加入鯷魚，繼續拌炒。起鍋前放入A調味。
3 將2盛入盤裡，家中若有義大利巴西里，可放上點綴。

蒟蒻條韓式雜菜

材料（1 人份）

蒟蒻條…100g
牛肉片…50g
洋蔥…30g
紅蘿蔔…30g
香菇…1 朵
A ┌ 醬油…2 小匙
　├ 砂糖…1 小匙
　└ 鹽、胡椒…各少許
芝麻油…1 小匙
炒熟白芝麻…少許

作法

1　以熱水汆燙蒟蒻條，用網篩撈起，瀝乾水分。洋蔥與紅蘿蔔切成細絲，香菇切成薄片，牛肉切成容易入口的大小。

2　在平底鍋中倒入芝麻油燒熱，放入牛肉拌炒。炒至肉變色後，放入洋蔥、紅蘿蔔、香菇，繼續拌炒。

3　蔬菜炒軟後，放入蒟蒻條一起炒。倒入 A 稍微攪拌。

4　盛盤，灑上芝麻即可享用。

200 kcal

韓式雜菜雖然是快炒料理，吃起來卻很甘甜，頗受大眾歡迎。將冬粉換成熱量更低的蒟蒻條，不僅飽足，吃起來也安心。

健康滿點筆記

100 公克蒟蒻條的熱量只有 6 大卡，還含有豐富的食物纖維，是最適合減肥期間吃的食材。吃起來也嚼勁十足，細嚼慢嚥更有飽足感。

消除疲勞的
療癒小菜

豬肉和韭菜的組合
能提高維他命B1的吸收率，
只要使用一個調理碗拌勻食材
再煎熟即可，作法相當簡單。

豬肉韭菜韓式煎餅

523 kcal

豬肉含豐富的維生素
B1，有效消除疲勞，
搭配韭菜中的大蒜素
一起食用，可提高維
生素 B1 的吸收率。

材料（1 人份）
薄豬肉片…80g
韭菜…50g
蛋…1 顆
蒜末…少許
鹽、胡椒…各少許
麵粉…½ 杯
沙拉油、芝麻油…各 1 小匙
A　醋…1 小匙
　　醬油…1½ 小匙
　　紅辣椒切片
　　…¼ 根

作法
1 豬肉切成一口大小，灑上鹽與胡椒。韭菜切成 3cm 長段。
2 將蛋打入調理碗中，打散後倒入麵粉，攪拌至順滑不結塊為止。放入蒜、豬肉與韭菜，充分拌勻。
3 在平底鍋中倒入沙拉油與芝麻油燒熱，倒入 2 形成一個圓形。轉較小的中火，煎 4〜5 分鐘。翻面，以鍋鏟一邊壓實，一邊煎 4〜5 分鐘。
4 煎至表面酥脆，切成容易入口的大小，盛盤。拌勻 A 當佐料食用。

健康滿點筆記

大蒜的香味成分大蒜素，對消除疲勞很有幫助。將大蒜切成蒜末或磨成蒜泥食用，效果更好。

材料（1人份）

馬鈴薯…1 顆
蛋…1 顆
大蒜…1 瓣
A｜起士粉…1 小匙
　｜胡椒…少許
橄欖油…2 小匙
B｜水…1 杯
　｜高湯塊…¼ 塊
鹽、胡椒…各少許

作法

1 馬鈴薯切成一口大小，泡水後瀝乾。大蒜切成末。
2 將蛋打入調理碗中，打散後灑入 A 拌勻備用。
3 在湯鍋中倒入橄欖油，放入大蒜，以小火爆香。放入馬鈴薯，轉中火拌炒，加入 B，蓋上鍋蓋。煮滾後轉小火，燉 15 分鐘。
4 關火，粗略搗碎馬鈴薯，再次開火加熱。煮滾後，以繞圈方式淋上 2，迅速拌勻，最後灑上鹽與胡椒調味。

蒜香馬鈴薯湯

277 kcal

使用一瓣大蒜煮成湯，十足的大蒜香氣令人舒暢。加入蛋汁一起熬煮，完成一道帶有含羞草黃色調的溫暖湯品。

材料（1 人份）

雞翅…3 隻
薑…5g
蔥白…¼ 根
米…2 大匙
大蒜…½ 瓣
酒…1 大匙
水…2 杯
鹽…¼ 小匙
芝麻油…½ 小匙
蔥綠切成的蔥花
（泡水）…少許
炒熟黑芝麻…少許

作法

1 雞翅洗淨。薑切成薄片，蔥白切成
  2cm 長。米洗淨，用網篩撈起瀝乾。
2 在湯鍋中倒入 1、大蒜、酒與 2 杯
  水，蓋上鍋蓋，開火加熱。煮滾後
  轉小火，熬 20 分鐘。
3 灑上鹽與芝麻油拌勻，放上綠色蔥
  花與黑芝麻。

永保青春的
美肌小菜

韓式
蔘雞翅湯

301
kcal

健康滿點
筆記

帶骨肉是膠原蛋白的
寶庫。熬煮愈久，膠
原蛋白就愈能釋入湯
中。富含維他命 A，
能恢復肌膚彈力與光
澤，可說是最極致的
美肌鍋品。

以家中現有的食材
熬煮最受歡迎的膠原蛋白鍋。
使用雞翅即可輕鬆烹煮
美味的一人份火鍋。

酪
梨
是
女
性
食
譜
中
不
可
或
缺
的
人
氣
食
材
，
添
加
大
量
優
格
的
沙
拉
醬
汁
，
既
口
感
清
爽
又
能
清
潔
腸
道
。

酪
梨
葡
萄
柚
鮮
蔬
沙
拉

298 kcal

健康滿點
筆記

水果富含的維生素 C
是美肌不可或缺的成
分，也是清潔腸道的
必要養分。食用富含
食物纖維的酪梨，能
讓妳更加舒暢。

材料（1人份）
酪梨…½ 顆
葡萄柚…¼ 顆
萵苣…1 片
A｜原味優格
　　…4 大匙
　　檸檬汁…2 小匙
　　蜂蜜…1 小匙
　　鹽…少許
烤杏仁…5 顆

作法
1 酪梨去籽去皮，切成一口
　大小。葡萄柚剝除薄皮，
　剝成一片片後去籽，切成
　容易入口的大小。萵苣斯
　成一口大小。
2 拌勻 A，做成醬汁。
3 將 1 放入盤裡，淋上 2，
　灑上切碎的杏仁即完成。

強健骨骼的鈣厲害小菜

小松菜富含鈣質，搭配魩仔魚，再用橄欖油炒過，完成一道美味的日式義大利風味料理。

橄欖油炒魩仔魚小松菜

84 kcal

健康滿點筆記

小松菜與魩仔魚乾都富含骨骼成分鈣質，以及強健骨骼的維他命 D。組合兩種含有相同營養素的食材，發揮相乘效果。

材料（1 人份）

小松菜…100g
魩仔魚乾…2 大匙
大蒜…¼ 瓣
鹽…⅙ 小匙
胡椒…少許
橄欖油…½ 大匙

作法

1 小松菜切成 4 ～ 5cm 長，大蒜切成末。
2 平底鍋中倒入橄欖油、大蒜，以小火爆香，放入魩仔魚乾迅速炒過。
3 食材炒匀後，放入小松菜一起炒，最後灑上鹽與胡椒調味。

起士烤沙丁魚佐番茄

294 kcal

沙丁魚含大量鈣質、維生素D、鎂等，形成骨骼時不可或缺的維生素與礦物質。連骨骼一起食用，更有助於補充鈣質。

材料（1人份）

沙丁魚…1 大尾
番茄…½ 顆
披薩用起士…30g
羅勒葉…2 片
鹽…⅙ 小匙
胡椒…少許
橄欖油…1 小匙

作法

1. 沙丁魚刮除鱗片，切掉頭部，清除內臟，用水充分洗淨。以廚房紙巾吸乾水分，橫切成四等分，灑上鹽與胡椒。
2. 番茄切成 1cm 塊狀，羅勒葉撕成適當大小。
3. 以廚房紙巾再次吸乾沙丁魚表面的水分，放入耐熱容器裡。灑上 2，淋上橄欖油。
4. 放入烤箱烤 10 分鐘，取出並均勻灑上起士。再放回烤箱烤 5 分鐘，直到表面烤出金黃色為止。

沙丁魚橫切成魚塊，方便醃漬處理。回家後只要 20 分鐘，就能立刻吃到熱騰騰的美味。

這道中式炒菜口味清淡，適度鹽分充分突顯干貝鮮味，加入辛辣的山椒粉，讓整道菜的滋味層次更加豐富。

山椒鹽炒干貝與綠花椰菜

168 kcal

健康滿點筆記

章魚、花枝與貝類富含牛磺酸，有助於降低膽固醇。綠花椰菜具有高度抗氧化力，能使血液保持清澈。

材料（1人份）

干貝…80g
綠花椰菜…60g
蔥…¼ 根
A ｜ 鹽…⅙ 小匙
　｜ 山椒粉…少許
鹽、胡椒…各少許
酒…2 大匙
芝麻油…½ 大匙

作法

1 干貝橫切成一半厚度，灑上鹽與胡椒。
2 綠花椰菜分成小朵，用保鮮膜包起，放入微波爐加熱30秒。蔥斜切成 2cm 長。
3 在平底鍋中倒入芝麻油燒熱，放入 2 拌炒。加入干貝一起炒，灑上酒與 A 調味，迅速炒勻。

健康滿點筆記

青背魚的魚油含大量 EPA 與 DHA，有助於降低膽固醇。建議吃生魚片或以蒸煮方式烹調，才能攝取完整油脂。

材料（1 人份）

竹筴魚⋯1 尾
小番茄⋯6 顆
大蒜⋯½ 瓣
白酒⋯2 大匙
水⋯¼ 杯
A｜鹽、胡椒
　｜⋯各少許
　｜月桂葉⋯½ 片
鹽⋯¼ 小匙
胡椒⋯少許
橄欖油⋯½ 大匙

作法

1　竹筴魚刮除黃鱗，切開腹部清除內臟，用水充分洗淨。以廚房紙巾吸乾水分，灑上鹽與胡椒醃漬 5 分鐘。待表面出水後，再用廚房紙巾吸乾。

2　在直徑 24cm 的平底鍋中倒入橄欖油，放入大蒜，以小火爆香。轉大火，放入竹筴魚，雙面煎至金黃色為止。

3　倒入白酒煮到滾，放入小番茄、¼ 杯水、A，蓋上鍋蓋熬煮。再次沸騰後轉小火，煮 10 分鐘。

4　將 3 盛入盤裡，家中若有義大利巴西里，可放上點綴。

義式水煮竹筴魚

217 kcal

可以吃到一整條青背魚。釋出到湯汁裡的營養素與鮮味，也要全部吃光光。

為各位介紹
可以輕鬆烹煮的
一週菜單，
配合每天的
身體狀態與工作狀況，
搭配出健康套餐。

【春夏菜單】

| 第1天 | 使用大量各色蔬菜
補充滿滿活力 | 700kcal |

白飯

紅蘿蔔
沙拉
▶ P75

小番茄
芽菜湯
▶ P93

奶油培根醬
炒高麗菜雞肉
▶ P43

| 第2天 | 口味濃郁的魚料理
搭配清爽滋味的蔬菜 | 477kcal |

白飯

照燒
煎鮭魚
▶ P17

番茄佐薑絲
酸桔醋醬
▶ P78

萵苣海帶芽
味噌湯
▶ P93

| 第3天 | 晚回家就以簡單
省時的湯料理果腹 | 443kcal |

麵包

豆子鮮蔬
巧達濃湯
▶ P90

鯷魚
炒蘆筍
▶ P77

| 第4天 | 午餐吃太多，晚餐就少吃
平衡一整天的進食量 | 459kcal |

白飯

中式
蒸豆腐
▶ P96

唐辛子
醃高麗菜
▶ P75

梅乾
蘘荷湯
▶ P92

| 第5天 | 添加大量夏季蔬菜的
筆管麵與沙拉，十分飽足 | 544kcal |

義大利雜菜湯
筆管麵
▶ P84

荷包蛋
凱薩沙拉
▶ P28

| 第6天 | 使用大量豆腐的主餐
讓身心都感到放鬆 | 622kcal |

白飯

辣油
拌小黃瓜
▶ P74

鱈魚子
炒金針菇
▶ P77

豆腐漢堡排
佐鮮番茄醬汁
▶ P27

| 第7天 | 辣泡菜搭配大量蔬菜
儲備明天的活力 | 829kcal |

豆芽菜
泡菜炒飯
▶ P80

小黃瓜
涼拌棒棒雞
▶ P49

櫻花蝦
蔥花味噌湯
▶ P93

第4天 麻婆的辣味與清爽梅乾涼拌菜十分協調

423kcal

小番茄
麻婆豆腐
▶ P15

醃梅乾
拌綠花椰菜
▶ P74

薑絲
鹽昆布湯
▶ P92

白飯

第5天 忙碌的日子就用烤箱輕鬆完成美味晚餐

484kcal

簡易版
法式鹹派
▶ P29

蜂蜜檸檬
醃鮮蔬
▶ P78

第6天 今晚就吃小酒館的下酒菜悠閒地在家喝酒

695kcal

豆腐
醃鱈魚子
▶ P86

起士
炒菠菜
▶ P76

奶油培根醬
炒高麗菜雞肉
▶ P86

白酒

第7天 週末就來挑戰油炸料理剛炸好的食物最好吃

631kcal

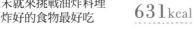

唐揚炸雞
▶ P63

涼拌
小松菜
▶ P77

日本水菜
薯蕷昆布湯
▶ P92

白飯

【秋冬菜單】

第1天 大量蔬菜與泡菜瞬間提升新陳代謝

498kcal

韓式
三色拌飯
▶ P15

韓式泡菜
豆腐湯
▶ P91

奶油醬油
拌南瓜
▶ P75

第2天 以事先做好的燉鹿尾菜為主角的省時套餐

693kcal

鹿尾菜
豆腐煎餅
▶ P64

大蒜炒豆苗
▶ P76

三品豬肉
味噌湯
▶ P90

白飯

第3天 食材滿滿的燉菜由內而外溫暖身體

683kcal

橄欖油
炒魩仔魚
小松菜
▶ P104

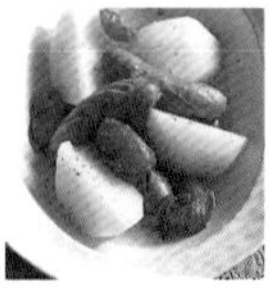

香料燉馬鈴薯
小番茄與
維也納香腸
▶ P33

麵包

食材索引

作　　者　岩﨑啓子
攝　　影　松本潤
譯　　者　游韻馨

總 編 輯　張瑩瑩
副總編輯　蔡麗真
責任編輯　林毓茹
美術設計　奧嘟嘟工作室
行銷企畫　黃煜智、黃怡婷

社　　長　郭重興
發行人兼
出版總監　曾大福
出　　版　野人文化股份有限公司
發　　行　遠足文化事業股份有限公司
　　　　　地址：23141新北市新店區民權路108-2號9樓
　　　　　電話：（02）2218-1417　傳真：（02）8667-1065
　　　　　電子信箱：service@bookrep.com.tw
　　　　　網址：www.bookrep.com.tw
　　　　　郵撥帳號：19504465遠足文化事業股份有限公司
　　　　　客服專線：0800-221-029
法律顧問　華洋法律事務所　蘇文生律師
印務主任　黃禮賢
印　　製　上晴彩色印刷製版有限公司
初版首刷　2014年6月
初版六刷　2015年7月

定　　價　300元
ISBN　978-986-5723-51-4　　有著作權　侵害必究
歡迎團體訂購，另有優惠，
請洽業務部（02）22181417分機1120、1123

國家圖書館出版品預行編目資料

一個人開伙也很棒 / 岩﨑啓子 著；游韻馨 譯 . –
初版 . – 新北市：野人文化出版：
遠足文化發行, 2014.6 [民 103]
112 面；18.2×23.5 公分 . -- (bon matin；49)
譯自：大人のおひとり分。

ISBN　978-986-5723-51-4（平裝）

1. 食譜　2. 一個人

427.1　　　　　　　　　　　　　　103010050

線上讀者回函

一個人開伙
也很棒。